AF329750

LES ANIMAUX CÉLÈBRES.

TOME PREMIER.

LES ANIMAUX CÉLÈBRES.

ANECDOTES HISTORIQUES

Sur des traits d'intelligence, d'adresse, de courage, de
bonté, d'attachement, de reconnaissance, etc.
des animaux de toute espèce, depuis
le lion jusqu'a l'insecte.

Par A. ANTOINE, de Saint-Gervais.

Qu'on m'aille soutenir, après un tel récit,
Que les bêtes n'ont point d'esprit.
La Fontaine, *Fab.* 1, *liv.* 10.

DEUXIÈME ÉDITION,

Revue, augmentée, et ornée de dix-huit gravures.

TOME PREMIER.

PARIS,

LIBRAIRIE DE RORET, RUE HAUTEFEUILLE,
N° 10 BIS.

1835.

PRÉFACE ANECDOTIQUE.

Homère n'a pas trouvé la guerre des rats et des grenouilles indigne de sa muse; cet homme immortel a fait en outre un poëme sur les grives. Un des chapitres de Lucien, traité avec le plus d'agrément, est à la louange de la mouche. Xénophon n'a pas dédaigné d'entrer dans quelques détails sur la connaissance et l'éducation des chiens. Maximilien Ier, empereur d'Autriche, a composé un traité sur l'éducation et l'entretien des chevaux. Le maréchal Vauban, cet illustre guerrier, a cru pouvoir, sans déroger, faire un traité sur les cochons. Il y a une histoire des chiens célèbres, par Fréville; Moncrif nous a donné celle des chats; les rats ont eu leur historien, et l'on vient de publier un ouvrage sur les chevaux célèbres. Nous avons un éloge du pou, par Mercier de Compiègne; divers auteurs qui ont gagné l'*incognito*, ont fait l'éloge de la puce, de la fourmi, de l'abeille, de l'araignée et du corbeau; les ânes même ont eu les honneurs d'un panégyrique fait par Lamotte-le-Vayer.

Pluche disait que si les animaux pouvaient former une société, ils se gouverneraient beaucoup mieux que les hommes. Réaumur, qui nous a donné un traité des insectes, tenait le même langage. Il y a bien une petite objection à faire contre ce beau système; c'est que plusieurs espèces de bêtes carnassières dévorent les animaux tout vivans. Mais, que savons-nous, dit Bernardin de

Saint-Pierre, si elles ne transgressent pas leurs lois naturelles? » Peut-être ne font-elles que céder au besoin impérieux de la faim. Dans plusieurs circonstances, des hommes civilisés ont tué et mangé leur semblable (Voyez entr'autres relations le *Naufrage du capitaine Viaud*). Tous les jours ne s'égorgent-ils pas entr'eux par milliers, et souvent par des motifs bien moins plausibles qu'une faim dévorante?

Ah! si les bêtes pouvaient lire tous ces beaux ouvrages d'éducation dont on nous accable chaque jour, peut-être marcheraient-elles plus vite que nous vers la perfectibilité! Un membre de l'Institut n'attribue notre supériorité sur les bêtes qu'à la faculté que nous avons de lire et d'écrire. « Mais que sait-on, dit-il, si les plus ingénieuses de leurs espèces, qui vivent en société, n'apprendront pas un jour quelque chose d'équivalent? (1) » En attendant ce jour mémorable, nous avons des exemples d'éducation particulière qui annoncent toute la disposition de la gent animale. Chacun a pu voir comme moi, dans Paris, sur nos places publiques, une diseuse de bonne aventure, suivie d'un chien, d'un chat, d'un gros rat et d'un moineau, qui faisaient ensemble différens exercices au milieu d'un cercle de spectateurs. J'ai nourri moi-même, pendant un été des mouches et des araignées de force égale, réunies dans une même cage : mes captives s'évitaient plutôt que de se battre. Nous

(1) Voyez *Quelques Mémoires sur différens sujets*, p. 372.

voyons encore aujourd'hui un petit chien vivre
familièrement avec une lionne de la ménagerie.
Les bêtes sont donc susceptibles entr'elles de civi-
lisation : on serait fondé à le croire, si l'on pouvait prendre à la lettre ce que dit Lactance un des
pères de l'Eglise, « qu'excepté la religion, il n'est
rien en quoi elles ne participent aux avantages de
l'espèce humaine. »

Plutarque veut-il montrer jusqu'où s'étend le
pouvoir de la nature, c'est chez les animaux et
non parmi nous, qu'il va chercher des modèles.
« Ils n'ont, dit-il, ni beaucoup de discours, ni
beaucoup de subtilité d'entendement, et pourtant
montrent-ils la droite voie. » Qu'on juge de leur
sensibilité par cet exemple rapporté dans le *Jour-
nal économique* du mois de mai 1765 : « Un particulier avait dans sa meute une chienne qu'il aimait
beaucoup. Cette bête ayant mis bas, il prit le
tems qu'elle était absente pour noyer ses petits
dans un étang voisin. La chienne les chercha, et
les ayant trouvés noyés, elle les apporta les uns
après les autres aux pieds de son maître, et lorsqu'elle fut au dernier, elle le regarda fixement et
expira sur-le-champ. « Rien de si touchant, dit
Linnée, que la tendre affection des phoques (veaux
marins) pour leur famille ; s'ils viennent à perdre
leur père, leur mère, ou bien ceux-ci un de leurs
petits, ils se livrent à la plus sombre tristesse ; ils
s'isolent sur une falaise, et là ils manifestent d'a-
mers regrets par des larmes abondantes. » Au mois
de janvier 1812, nous avons vu, près de Paimpol,

toute une famille de dauphins devenir la victime
volontaire d'un tendre attachement. Ces cétacés,
au nombre de douze ou quinze, attirés par les cris
d'un des leurs qui avait eu l'imprudence de trop
s'approcher du rivage, plutôt que de l'abandonner,
se hasardèrent si près de la terre, qu'ils y restèrent à sec à la basse marée. Le trait suivant a eu
lieu à Sens dans ces derniers tems : On venait de
jeter à l'eau un petit chat : une chienne de chasse
appartenant au sous-préfet de cette ville, et qui
avait mis bas peu de tems auparavant, émue par
les cris du petit animal qui cherchait à se sauver,
va à son secours, le prend dans sa gueule, le porte
vers ses petits, le lèche, le réchauffe et l'allaite.
M. de Boussanelle, capitaine de cavalerie, auteur
des *Observations militaires*, rapporte qu'un cheval
de sa compagnie, ayant les dents usées au point
de ne pouvoir plus mâcher le foin et broyer l'a-
voine, fut nourri par les deux chevaux de droite
et de gauche, qui préparaient ses alimens et les
plaçaient ensuite devant lui.

On ne trouve pas de ces traits seulement parmi
les animaux habitués à recevoir les caresses de
l'homme. L'araignée, par exemple, cet insecte
que beaucoup de personnes détestent par un pré-
jugé d'enfance, nous offre le modèle d'une conduite vraiment admirable. « Lorsqu'une araignée
vieillit, sa gomme épaissit, dit Buffon ; elle se sè-
che et n'est plus ductile : alors le pauvre animal ne
peut plus former de toile, ni tendre de filets pour
chasser et subsister ; il mourrait, si ceux de son

espèce ne venaient à son secours; mais une araignée jeune et vigoureuse cède ses réseaux à la
pauvre impotente, l'introduit dans sa maison, et
va s'établir un peu plus loin (1).

D'illustres personnages eurent une affection particulière pour quelques animaux; de grands philosophes les choisirent même de préférence aux
hommes pour leur société : Crébillon fut de ce
nombre; il passa les dernières années de sa vie
au milieu d'une meute de chiens qu'il s'amusait à

(1) Les araignées ne sont pas étrangères au succès de nos
armes : c'est peut-être à ces insectes que nous avons dû la
résolution prise par les généraux français, de poursuivre et
de terminer dans la même campagne la conquête de la
Hollande. Lorsqu'à travers les glaces, les troupes françaises
conquéraient toutes les Provinces-Unies, un dégel appa-
rent semblait annoncer aux généraux la perte totale de
l'armée, s'ils ne la faisaient retirer promptement. Cent
mille hommes et une nombreuse artillerie étaient en pleine
marche sur des digues. L'adjudant-général Quatremère
Disjonval les rassura, et leur promit un espace de tems
suffisant pour terminer leur conquête avant le dégel. Cet
officier, pendant une longue captivité à Utrecht, comme
prisonnier de guerre, avait observé et étudié les araignées
de sa prison, au point de reconnaître, par leur moyen et
plusieurs jours d'avance, les différentes variations du tems.
Dans ce moment critique, il eut donc recours à ses oracles;
et, les yeux fixés sur l'attitude et les mouvemens des araignées, il prédit avec assurance que, loin que le dégel eût
lieu, elles lui annonçaient qu'il allait survenir un froid des
plus rigoureux. Il emballa même tout vivans, dans un verre
à boire, quelques-uns de ces insectes, garans de son pro-
nostic, et les envoya avec ses observations au général Van-
damme, pour les faire passer à La Haie au général en chef.
On le crut; sa prédiction se réalisa, et la Hollande fut con-
quise.

former à différens exercices. Le ministre Colbert avait toujours des petits chats folâtrant dans ce même cabinet d'où sont sortis tant d'établissemens utiles et honorables à la nation. Le cardinal de Richelieu faisait également placer dans sa chambre à coucher plusieurs de ces petits animaux, pour jouir du plaisir de les voir jouer ensemble, et pour jouer lui-même avec eux. Newton aimait beaucoup un chien appelé *Diamant*. Un jour, l'ayant laissé seul dans son cabinet, cette petite bête renversa sur un tas de papiers une bougie allumée qui consuma des calculs auxquels le savant géomètre avait employé une grande partie de sa vie. Cette perte était irréparable; Newton se contenta de dire: « *Diamant! Diamant!* tu ne te doutes pas du tort que tu m'as fait! » J.-J. Rousseau avait un chien nommé *Duc.* « J'en avais fait mon compagnon, mon ami, dit-il, et certainement il méritait mieux ce titre que la plupart de ceux qui l'ont pris. » Scarron dédia le recueil de ses poésies à sa chienne *Guillemette.* Dans la correspondance de Stanislas avec la reine de France, sa fille, lors du traité de paix qui l'établit duc de Lorraine, le *postscriptum* était presque toujours ce compliment de son chien: « *Tristan*, camarade de ma douleur, vous lèche les pieds. »

Si quelques philosophes et d'illustres personnages ont aimé particulièrement les animaux, ceux-ci ont souvent fait preuve aussi d'un attachement extraordinaire pour l'homme. Homère rapporte qu'*Argus*, chien d'Ulysse mourut de joie de revoir son maître, après vingt années d'absence. *Hircan*, chien du roi Lisimaque, ayant vu allumer le bûcher qui devait consumer les restes de ce monarque, se jeta dans les flammes. Pareille chose arriva aux funérailles du roi Hiëron. Socrate dit qu'après la mort du roi Nicomède, son cheval se laissa mourir de faim. J'aurais trop à citer si je m'arrêtais aux animaux domestiques.

Olympias, femme de Philippe, roi de Macédoine avait un serpent familier qui demeurait continuellement auprès d'elle. Pyrrhus avait un aigle qui lui était si fort attaché, qu'après la mort de son maître il ne voulut prendre aucune nourriture, et se laissa ainsi périr. Plutarque fait mention d'un crocodile qui faisait de fréquentes visites à une femme; Appion et Solin parlent de plusieurs enfans qui furent tendrement aimés par des dauphins; Élien rapporte l'amour d'un bélier pour une musicienne appelée Glaucia. La nièce de Descartes avait élevé une fauvette qui revenait tous les ans sur sa fenêtre pour la voir; aussi disait-elle : « N'en déplaise à mon oncle, elle a du sentiment. » Le connétable Anne de Montmorency avait apprivoisé un loup, qui lui devint si attaché, que ce seigneur étant tombé malade, l'animal se tapit auprès de son lit, sans en vouloir bouger pour boire ni pour manger, que son maître ne fût guéri. M. le conseiller-d'état Mounier, étant préfet d'Ille-et-Vilaine, apprivoisa une louve qui prit un tel attachement pour mademoiselle Mounier, que, ayant été malheureuse et moins soignée en son absence, cette pauvre bête mourut de joie en la revoyant, comme le bon chien d'Ulysse.

Les animaux comptent parmi eux des prodiges de science et de talent : les fils de l'empereur Claude avaient un étourneau qui répétait des leçons de grec et de latin ; l'impératrice Agrippine avait une grive qui disait quelques mots ; Leibnitz a vu un chien qui avait appris à parler ; Élien dit qu'il a entendu des singes jouer de la flûte ; en 1715, on en vit un à la foire Saint-Laurent ; on l'appelait *Divertissant*, il jouait du violon ; Charles-Quint en avait un qui jouait avec lui aux échecs ; le P. Magallian, dans son *Histoire des Voyages*, dit avoir vu dans le palais de l'empereur de la Chine, un oiseau nommé *Laki*, jouer aux dames avec sagacité ; le P. Pardies avait si bien appris la musique à ses chiens, qu'un d'eux chantait sa partie avec son maître.

L'adresse et l'industrie des animaux apprirent aux hommes plusieurs moyens de perfectionner leurs travaux et de se soulager dans leurs maladies. Pline dit que Dokius fut le premier qui entreprit de construire des maisons avec de la terre et de la boue, et que l'idée lui en vint en considérant des hirondelles faire leurs nids. Le nautile des anciens (testacée que nous appelons l'argonaute) a donné aux premiers marins l'idée des vaisseaux. Il n'y a pas de doute que l'art de filer le chanvre et d'ourdir les toiles ne soit dû aux ouvrages de l'araignée ; que l'invention des digues et des pilotis ne nous soit venue des castors. Il est démontré

que la cigogne, par les injections qu'elle se fait à elle-
même, nous a enseigné l'usage du clystère. L'hyp-
popotame, ou cheval marin, nous apprit à nous
saigner : quand il est trop replet, il s'approche des
roseaux les plus aigus, s'appuie dessus, et lorsqu'il s'est ouvert une veine, il en laisse couler autant de sang qu'il est nécessaire pour le soulager;
ensuite il bouche la plaie avec du limon. On prétend que le chien, en cherchant des simples propres à le guérir, indiqua que nous pouvions en
faire usage; par conséquent, on lui doit en premier lieu, la connaissance de la botanique. Les
chèvres nous ont fait découvrir la vertu du café.
Voici le fait, comme il est rapporté dans les
Mémoires de l'Académie des Sciences « Un berger
arabe avait conduit ses chèvres dans un lieu plein
de caféyers. Ces animaux mangèrent les grains
mûrs avec beaucoup d'avidité; le pâtre fut bien
étonné quand il vit, quelques momens après, ses
chèvres bondir, courir çà et là, et marquer la plus
vive gaîté. Pas une bête ne put dormir de la nuit.
Ce troupeau appartenait à un couvent; le prieur,
averti de ce qui se passait, fut convaincu que le
café, donnant au sang plus d'activité, éloignait le
sommeil : ses religieux avaient bien de la peine à
s'empêcher de dormir pendant les offices de la
nuit; il s'avisa de leur composer une boisson avec
les grains que le troupeau avait indiqués : ce moyen
lui réussit, et dès-lors le café fut connu. » Terentius
Varron dit qu'un âne brouta un cep; ce cep donna
l'année suivante plus de fruits qu'auparavant; de

là on tailla la vigne, et l'on fit la même opération aux arbres. M. Lantier, dans son *Voyage d'Anténor*, rapporte que, pour conserver le souvenir qu'on devait à l'âne cette utile découverte, les Grecs lui élevèrent un monument à Nauplie, auprès du temple de Cérès et de la fontaine Canathos. Les princes orientaux, qui en général aiment beaucoup la pêche, font souvent attacher des anneaux d'or ou d'argent aux saumons, et leur rendent ensuite la liberté. On dit que ce furent ces poissons qui firent découvrir la communication de la mer Caspienne avec l'Océan septentrional et avec le golfe Persique.

Parmi les sauvages du Canada, il y a trois familles principales : l'une prétend descendre d'un lièvre ; l'autre d'une carpe, et la troisième se donne un ours pour premier ancêtre. Chez les Indiens du Maduré, une des premières castes prétend descendre d'un âne. Olaüs Magnus rapporte qu'une famille très puissante d'Allemagne, mettait à la tête de son arbre généalogique Ulphon, qui se distingua par de grands exploits, et qui était fils d'un ours blanc et d'une fille que cet ours avait trouvée dans son chemin et emportée dans sa caverne. Les peuples de la Côte d'Or croient que le premier homme fut produit par une araignée qu'ils appellent *Anansio*. Deux des principales familles des Iroquois, sont celle de la tortue et celle du loup. Les Athéniens eux-mêmes croyaient descendre des fourmis d'une forêt de l'Attique ; et les familles qui se piquaient d'ancienneté, portaient dans leurs cheveux des fourmis d'or, pour marque de leur origine.

Les animaux jouent parfois un rôle important dans les Annales du monde : un lièvre fut cause de la prise de Rome; dans d'autres tems, les oies du capitole sauvèrent cette ville célèbre; et s'il faut en croire quelques mémoires historiques, l'action d'un chien décida le schisme de l'Angleterre. Solin rapporte qu'un roi des Garamantes, exilé de ses Etats, y rentra de force, assisté d'un cortège de deux cents chiens, qui terrassèrent tous les opposans. Lorsque Marc-Antoine faisait le siége de Modène, Decimus Brutus, qui était enfermé dans la ville, envoyait des lettres au camp des consuls par le moyen des pigeons. Ce même stratagême a été pratiqué pendant les siéges de Harlem et de Leyde par les Espagnols. Après la levée du siége de Leide, il fut ordonné que les pigeons qui avaient porté les lettres, seraient nourris aux dépens du public, et embaumés après leur mort, pour être gardés dans l'hôtel-de-ville. Sertorius, pour se concilier la vénération des barbares auxquels il commandait, feignait de consulter dans toutes les affaires, une biche blanche qu'il avait apprivoisée. Mahomet, pour en imposer à la multitude, disait recevoir les inspirations de Dieu par l'entremise d'une colombe, qui était habituée à s'approcher de son oreille.

Les voyageurs Leblanc, Dapper, Pigafetta et Linschoten, disent que la garde du roi de Monomotapa est composée de deux cents gros chiens.

Hérodote raconte que Cyrus fit rassembler un grand nombre de dogues pour la guerre; quatre villes de la Babylonie furent exemptes d'impositions et de tributs, à condition qu'elles nourriraient ces chiens. Les Celtes faisaient un tel cas du courage des dogues, qu'ils en avaient formé des régimens armés. Ils leur mettaient au cou une garniture hérissé de pointes de fer, leur couvraient la poitrine d'une cuirasse d'acier, et les lançaient ainsi contre les ennemis. Les Grecs les dressaient aussi avec soin, et les mettaient en garnison dans leurs forteresses. La citadelle de Corinthe n'avait pour garde qu'une troupe de barbets; l'un d'eux, nommé *Soter*, se distingua tellement, qu'on lui éleva un monument en marbre. Les Colophoniens faisaient porter leurs équipages et leurs marmites par des chiens. Après la défaite des Cimbres, ce furent leurs dogues qui défendirent les chariots où étaient les maisons ambulantes de ces peuples. Les Espagnols déchaînèrent contre les malheureux Indiens des légions de ces animaux; un entre autres, nommé *Bérézillo*, devint célèbre par sa taille énorme, sa force prodigieuse et son courage : on lui décerna des honneurs, et on lui assigna une double ration. Il est dit dans les *Réflexions Militaires* de Santa-Cruz, qu'en 1702, Philippe V fit nourrir à Porto-Hercole, au mont Philippe et au fort de l'Etoile, des chiens qui surveillaient les Autrichiens en garnison à Orbitello et au fort Saint-Etienne. Si des détachemens allaient en reconnaissance, ces chiens les précédaient, et découvraient toutes les embuscades des ennemis. La ville de Saint-Malo conserve encore la célébrité que lui ont acquise les dogues qui faisaient partie de sa garnison. On présenta à Georges II un lévrier nommé *Mustapha*, qui à la bataille de Fontenoi, resté seul auprès d'une pièce de canon, son maître ayant été tué, y mit le feu, et renversa soixante-dix hommes qui s'avançaient pour s'en emparer. Le roi d'Angleterre lui donna une pension alimentaire comme à un brave serviteur. Les Hottentots savent dresser les bœufs, de manière qu'ils s'en servent avec le plus grand succès, un jour de bataille, contre leurs ennemis. Dès que l'ordre est donné, ces animaux se ruent avec impétuosité sur l'armée, frappent des cornes, renversent, éventrent, foulent tout aux pieds avec une férocité effroyable, et préparent ainsi la victoire à leurs maîtres.

« Un petit ennemi n'est pas à mépriser, dit La Fontaine : » on a vu même des insectes se rendre formidables par leur nombre. En 1722, le taret, qui n'est qu'un petit ver, pullula au point qu'il mina les digues de la Hollande; et ce pays pensa être inondé au moment qu'on s'y attendait le moins. Selon Macrisy, dans un faubourg du Caire, les solives et les murailles se trouvèrent tellement rongées par les mites, que les habitans furent contraints de quitter leurs maisons. Des légions de rats obligèrent les habitans de Gyaros à leur abandonner leur île. Sotion, d'après Isigonus, écrit que les Amicléens furent chassés par des serpens. En-

deçà de l'Ethiopie Cynamolge, est un vaste désert
habité autrefois par une nation qui en fut expulsée
par les scorpions et par les solpuges. On lit dans
Théophraste, que les Erétriens furent délogés de
leur pays par des scolopendres. Sapor, roi de Perse,
en faisant le siége de Nisibie, vit en un instant les
trois quarts de son armée détruits par des mouche-
rons. La flotte d'Alexandre-le-Grand fut obligée,
pour se défendre contre les thons, dans la mer des
Indes, de se ranger en ordre de bataille comme
contre une armée ennemie, et de se tenir serrée,
sans quoi elle n'aurait pu leur résister. Enfin Marcus Varron écrit que Tarragone, ville d'Espagne,
fut minée et bouleversée par des lapins, de même
qu'une ville de Thessalie par des taupes.

Les grands rois législateurs ont été curieux de
faire multiplier dans leurs états les plus belles espèces d'animaux. On lit dans le *Voyage du jeune
Anacharsis en Grèce*, que Polycrate, de Samos, fit
venir des chiens d'Epire et de Lacédémone, des cochons de Sicile, des chèvres de Scyros et de Naxos,
des brebis de Milet et d'Athènes, etc. Octave
peupla avec soin les mers d'Italie du poisson de
Cilicie, appelé par les Romains *Scarus*. Aulu-Gelle
dit qu'il en fit mettre une grande quantité sur sa
flotte, et les fit répandre sur les côtes de la Cam-
panie, avec ordre de rejeter dans les flots, pendant cinq ans, tous ceux qu'on aurait pêchés.

Un Athénien tua un moineau qui s'était réfugié
dans son sein pour éviter un faucon; on le punit
de mort; l'aréopage condamna de même un enfant

qui avait crevé les yeux d'un petit oiseau : « On crut, dit Quintilien qui rapporte ce fait, que le meurtrier de cet animal avait un caractère féroce et dangereux dont il fallait délivrer la société. »

Il y a une secte d'Indous, dans le royaume de Golconde, à qui leur religion défend toute nourriture animale. L'auteur de l'*Histoire de Mysore* rapporte que dans la famine qui désola le Bengale en 1774, et qui fit périr près de trois millions d'habitans, un grand nombre d'Indous se laissèrent mourir plutôt que de manger de la chair d'aucune bête.

On voit dans différens codes, que les animaux ont été mis sous la sauve-garde de la loi. Dans son troisième Capitulaire, année 803, article 18, Charlemagne ajourne à sa cour quiconque aurait, sans sujet, maltraité un chien. La loi de Moyse fait une défense expresse de prendre dans le nid la mère de quelque oiseau que ce puisse être.

On lit, dans les *Lettres édifiantes*, que les missionnaires jésuites rencontrèrent une femme tartare qui revenait de Pékin, et qui avait un équipage de cent chiens à ses traineaux. Chez les Ostyacks, nombreuse peuplade de la Sibérie, répandue sur les bords de l'Oby, les chiens sont établis par relais, comme les chevaux dans les postes de l'Europe. Les Tartares Taguris ne voyagent que sur des buffles ; le roi de Baly et les seigneurs de sa cour emploient aussi ces mêmes animaux. Les nègres de San-Blaz ne montent que des bœufs. Pendant que le capitaine Sarris était à Moka, il reçut la visite du roi de Rahaita, sur la côte d'Abyssinie : il montait une vache. Moore rapporte, dans son *Voyage d'Afrique*, qu'il vit un homme qui voyageait sur une autruche.

On a quelquefois prisé des hommes moins que des animaux : Pigafetta dit qu'un grand chien d'Europe fut vendu vingt esclaves; et Battel en a vu donner deux pour un chien ordinaire. Les Azanaghis, qui habitent les environs de la côte d'Arguim, échangent douze ou quatorze esclaves pour un cheval. Un évêque de Soissons cherchait, en 1155, un beau cheval pour faire son entrée dans cette ville; il en trouva un pour lequel il livra cinq serfs de ses terres, dont deux femmes et trois hommes.

Les plus petites bêtes ont quelquefois fait trembler les hommes les plus vaillans. Le duc d'Épernon, intrépide dans les occasions les plus périlleuses, s'évanouissait à la vue d'un levraut; le maréchal César d'Albret se trouvait mal dès qu'il paraissait un marcassin ou un cochon de lait sur la table; Ticho Brahé, seigneur de Danemarck et et savant astronome, tombait en défaillance lorsqu'il apercevait un lièvre ou un renard; Erasme frémissait de tout son corps, et la fièvre s'emparait de lui à la vue d'un poisson; Germanicus ne pouvait souffrir ni la vue ni le chant des coqs; Boileau avait une aversion terrible pour les dindons; Lamotte-le-Vayer parle d'un roi des Indes orientales, qui craignait tellement les chiens, qu'il fallait tuer ou transporter ailleurs tous ceux des villes par où il passait; enfin Henri III avait

une telle antipathie pour les chats, qu'il était près
de tomber en syncope lorsqu'il en apercevait un.

La plupart des auteurs anciens qui ont étudié
le caractère et les facultés des animaux, leur accordent un langage intelligible entre eux; quelques-uns ont même prétendu comprendre ce langage, entre autres Apollonius de Tyane, Mélampe
et Tirésias. Apollonius vit un jour un oiseau qui
volait vers une troupe d'autres oiseaux perchés
dans un bois, en criant comme s'il eût apporté
quelque nouvelle. Ils se mirent tous à crier et
s'envolèrent avec lui. Apollonius s'arrêta et dit :
Un garçon qui portait du blé à la ville, en a ré-
pandu une partie; cet oiseau s'est trouvé là, et il
vient avertir les autres de cette bonne fortune. »
Ce fait fut vérifié sur l'heure par ceux qui accom-
pagnaient Apollonius; et il passa pour constant
que ce philosophe comprenait le langage des bêtes.

L'Écriture sainte nous offre aussi des prodiges
de la part des animaux : des corbeaux apportent
tous les jours à manger à Élie; l'ânesse de Balaam
adresse la parole à son maître, pour l'empêcher
de commettre un crime; des lions ne font aucun
mal à Daniel qu'on a jeté dans leur fosse, quoique
pendant sept jours on les prive de nourriture; enfin la baleine garde trois jours et trois nuits Jonas
dans son ventre; après elle le vomit sain et sauf
sur le rivage.

« Jusque dans le vol d'une abeille, jusque dans
la marche d'une fourmi, on reconnaît la volonté
toute-puissante de Dieu, » dit Fénélon. L'histoire

morale des animaux nous offre effectivement des
actions dignes de nos regards et de notre médita-
tion. Nous les verrons souvent aussi industrieux
que l'homme. Néanmoins la plupart de ceux qui
se font remarquer par quelques talens extraordinaires, doivent ces talens à l'éducation que l'homme leur a donnée. Par exemple, lorsqu'on voit
une puce enchaînée traîner une petite voiture,
certainement on peut admirer l'insecte qui a su se
plier à un genre de vie si opposé à son état naturel : mais combien ne doit-on pas admirer davantage la patience et l'adresse de l'homme qui est
parvenu à rendre cette petite bête docile à ce point.

Nous avons des ouvrages sur les *Hommes célèbres*, sur les *Femmes célèbres*, sur les *Enfans célèbres* ; la *Botanique historique et littéraire* de madame de Genlis, est une espèce d'histoire des
Plantes célèbres ; mais personne n'avait encore pu-
blié l'histoire de tous les animaux qui ont acquis
quelque célébrité, soit par des faits qui leur sont
particuliers, soit par des anecdotes qui se ratta-
chent à des événemens mémorables ou à la vie de
personnages illustres.

« On étudie peu ou mal l'Histoire naturelle,
dit M. Dupont de Nemours, de l'Institut ; celle de
la plupart des animaux est encore à faire : Nous
ne connaissons que leur robe et leur anatomie.
Nous avons très négligemment observé leurs actions, presque point leurs raisonnemens ; et nous
l'avons toujours fait avec des préventions répul-
sives de la vérité. »

Dans mon ouvrage, j'ai suivi l'intention de cet académicien; j'ai laissé de côté la robe et l'anatomie des animaux, pour ne m'occuper que de leurs actions et de leurs raisonnemens. Sans doute il faudrait un nouveau Plutarque pour raconter dignement les actions de ces héros d'une nouvelle espèce : entraîné par mon admiration, j'ai pris la plume sans trop consulter mes forces..... Mais, quelle que soit la faiblesse de leur historien, tant de beaux faits ne suffisent-ils pas seuls pour relever la condition des bêtes !

Je sais que, dans ce genre de littérature, un auteur ne doit point attacher d'importance à son travail, quoiqu'il lui coûte infiniment plus de peine, par les nombreuses recherches qu'il est obligé de faire, qu'un ouvrage d'imagination. Mon unique désir était d'offrir une lecture amusante ; les journaux se sont accordés à dire que j'avais atteint ce but. J'ai augmenté cette édition de quantité d'anecdotes intéressantes, qui présentent des faits singuliers, extraordinaires, mais rien de fabuleux. Dix-huit gravures nouvelles concourront aussi à la rendre encore plus agréable au public.

Quant à la classification des faits, j'ai évité de séparer ce qui était purement *instinct* de l'animal d'avec ce qui était *appris*, dans la crainte de répandre de la monotonie dans l'ouvrage ; par la même raison, je n'ai pas voulu classer les animaux par genres : il fallait pourtant établir un plan ; l'ordre alphabétique du nom des animaux m'a paru le plus convenable, en ce qu'on peut trouver sur-le-champ ce qui est relatif à tel ou tel animal, et je l'ai adopté. On trouvera donc successivement l'*Aigle* de Sestos, l'*Ane* d'Ammonius, les *Anguilles* sacrées, l'*Araignée* de Pélisson.... Du *Lièvre* danseur et savant, on passera aux *Lions* apprivoisés. Il me semble que cette variété doit rendre la lecture plus piquante.

Ce livre peut être mis avec confiance entre les mains des enfans; les histoires singulières qu'il renferme conviennent même à leur attention légère et avide; les personnes raisonnables y trouveront un agréable délassement. S'il m'était permis de juger ici des sensations des autres par les miennes, j'ajouterais qu'on ne saurait lire la plupart des traits que j'ai rapportés, sans passer successivement de la surprise à l'admiration, et même sans en tirer quelque profit. Lorsqu'on voit les bêtes nous offrir des exemples d'une tendre union, d'une franche amitié, d'un attachement inaltérable; lorsqu'on voit les plus féroces se montrer reconnaissantes des bienfaits qu'elles ont reçus; quel homme ne ressentirait point en lui le noble sentiment de sa dignité, qui lui impose l'obligation de surpasser en qualités morales, des créatures sur lesquelles Dieu lui a donné une supériorité si éminente!

LES
ANIMAUX CÉLÈBRES.

Les Abeilles d'Hiéron.

HIÉRON II, roi de Syracuse, dut la vie et peut-être la couronne aux soins que des abeilles prirent de lui. Il était né d'une servante, ce qui fut cause que son père Hiéroclès, se laissant dominer par la honte, le fit exposer en pleine campagne, et le confia à la providence. Des abeilles voyant cet enfant abandonné, le nourrirent pendant plusieurs jours. Des devins déclarèrent que c'était un signe qu'il serait roi. Hiéroclès s'empressa alors de le faire rapporter dans sa maison, le reconnut pour son fils, et l'éleva avec grand soin. L'évènement justifia la prédiction : Hiéron, à la tête des Syracusains, ayant vaincu les Mamertins, fut créé roi.

Les Abeilles de Vicaro.

Le roi Alphonse assiégeant une ville nommée Vicaro, repoussa les habitans jusqu'au château. Ceux-ci ayant trouvé plusieurs ruches de mouches à miel, les jetèrent sur les assiégeans. Ces abeilles, irritées de la rupture de leurs maisons, s'attachèrent au visage des soldats, et les piquèrent avec une telle fureur, qu'elles les firent retirer avec autant de précipitation que si les assiégés eussent fait une sortie de trois ou quatre mille hommes.

Orosius rapporte que les habitans de Tanli, en Afrique, se délivrèrent de l'armée portugaise, en disposant des ruches sur leurs murailles, et en les jetant sur les Portugais, au moment où ceux-ci tentaient l'assaut de cette ville.

Les Suédois furent de même repoussés devant Andernach par les essaims de trois ruches, qui leur furent lancées du haut du rempart.

Les Abeilles intelligentes.

M. Wildman, de Plymouth, s'est présenté à la Société des Arts avec trois essaims d'abeilles qu'il avait apportés avec lui; partie sur son visage, sur ses épaules,

et partie dans ses poches. Il fit mettre les
ruches de ses abeilles dans une salle voisine de l'assemblée; il donna un coup de
sifflet, et à ce signal les mouches le quittèrent toutes, et allèrent dans leurs ruches : à un autre coup de sifflet, elles
vinrent reprendre leur poste sur la personne et dans les poches de leur maître.
Cet exercice fut réitéré plusieurs fois,
sans qu'aucun des spectateurs reçût la
moindre piqûre. La Société d'Agriculture,
qui n'accorde des prix qu'à des découver-
tes utiles, a cru devoir, pour la singularité de la chose, en donner un à M. Wildman.

Le 4 juin 1774, il fit, en présence du
Stathouder et de la princesse royale son
épouse, des expériences sur l'éducation
des abeilles. Il montra une ruche pleine
de ces insectes ; et dans l'espace de deux
minutes, il les fit sortir de cette ruche
pour aller se poser sur le chapeau d'un
des spectateurs ; de là il les fit venir sur
son bras nu, et il en forma un manchon.
Il les fit venir ensuite sur sa tête et sur son
visage, sur lequel elles formèrent une es-

pèce de masque. Dans cette position, il
but un verre de vin ; plusieurs abeilles tombèrent dans son verre ; mais elles le connaissaient trop bien pour le piquer avec
leur aiguillon. On le vit remplir à leur
égard les fonctions d'un général, en les
rangeant en bataille sur une grande table.
Là, il les divisait en régimens, en batail-
lons et en compagnies ; selon les règles de
la tactique militaire, elles attendaient le
commandement. Au moment où il prononçait le mot : marche! elles avançaient d'une
manière très régulière, en rangs et par
files comme des soldats.

Cet homme faisait les mêmes expériences avec des guêpes et autres mouches, et
il avait le singulier talent d'apprivoiser
les plus méchantes sans danger d'en être
piqué.

Les Abeilles reconnaissantes.

Certains hommes ont eu une étonnante
affection pour les abeilles ; Aristomaque
ou Aristodème, dont parle Saint-Augus-
tin, s'occupa uniquement, pendant cin-
quante-huit ans à les observer ; et Philis-

que de Thasos passa exprès sa vie dans les déserts ; ce qui le fit surnommer *le sauvage*. Voici un trait qui prouve qu'elles sont susceptibles aussi d'attachement. Une femme de distinction, déjà avancée en âge, vivait dans un petit bien aux environs de Nantes. Elle y passait toute la belle saison, et revenait ensuite à la ville. Cette dame aimait beaucoup les abeilles ; elle en avait une très grande quantité, et prenait un plaisir infini à leur procurer toutes les petites douceurs propres à ces insectes. Dans les derniers jours de mai, une maladie la fit retourner à Nantes, où peu après elle mourut. Toutes les abeilles, par un instinct inconcevable, se sont rassemblées sur son cercueil, qu'elles n'ont abandonné qu'au moment de l'inhumation. Un voisin de la dame, s'étant aperçu de l'arrivée de cet essaim, a eu quelque doute, et s'est rendu promptement à la campagne, où il a trouvé en effet les ruches entièrement désertes.

L'Aigle de Samos.

Du tems d'Ésope, il arriva à Samos un

événement qui mit fort en peine les Samiens. Un aigle enleva l'anneau public
(c'était apparemment quelque sceau que
l'on apposait aux délibérations du conseil),
et le fit tomber au sein d'un esclave. Xantus fut consulté là-dessus, comme philosophe et un des premiers citoyens de la république. Il demanda du tems, et eut
recours à Ésope, qui était son esclave. Celui-ci monta dans la tribune aux harangues, et dit que les Samiens étaient me-
nacés de servitude par ce présage ; que
l'aigle enlevant leur anneau, ne signifiait
autre chose qu'un roi puissant qui voulait
les assujétir.

Peu de tems après, Crésus, roi des Lydiens, fit annoncer aux habitans de Samos
qu'ils eussent à se rendre ses tributaires,
sinon qu'il les y forcerait par les armes. La
plupart étaient d'avis qu'on lui obéît. Ésope
les dissuada de suivre ce parti. Crésus devint furieux en apprenant qu'un homme
tel qu'Ésope avait contrarié ses projets. Il
le fit demander aux Samiens, avec promesse
de leur laisser la liberté, s'ils le lui li-
vraient. On rejeta cette demande ; mais

Ésope se rendit de lui-même près du roi
de Lydie, qui non seulement lui pardonna, mais, à sa considération, laissa les
Samiens en repos.

Les rois d'alors s'envoyaient les uns aux
autres des problêmes à résoudre sur toutes
sortes de matières, à condition de se payer
une espèce de tribut ou d'amende, selon
qu'ils répondraient bien ou mal aux questions proposées. Necténabo, roi d'Égypte,
défia Lycérus, roi de Babylone, de lui
envoyer des architectes qui sussent bâtir
une tour en l'air. Lycérus ayant lu les lettres, et les ayant communiquées aux plus
habiles de son État, chacun d'eux demeura
court. Ésope choisit des aiglons, et les fit
instruire à porter en l'air chacun un panier dans lequel était un jeune enfant. Le
printems venu, il s'en alla en Égypte avec
tout cet équipage. Arrivé au palais du roi,
il annonça qu'il amenait avec lui les architectes demandés. On sortit en pleine
campagne, où les aigles enlevèrent les paniers avec les petits enfans, qui criaient
qu'on leur donnât du mortier, des pierres
et du bois. « Vous voyez, dit Ésope à Nec-

« ténabo; je vous ai trouvé des ouvriers;
« fournissez-leur des matériaux. » Necténabo avoua que Lycérus était le vainqueur.

Aigles de divers Empereurs romains.

Suétone, dans son livre de la *Vie des
douze Césars*, rapporte ces différens présages annoncés par des aigles.

Un jour qu'Auguste dînait dans un bois
à quatre milles de Rome, un aigle lui ôta
le pain de la main, et s'envola fort haut;
puis redescendant, il se coula doucement
près de lui et le lui rendit.

Une autre fois, l'armée des triumvirs
s'étant assemblée à Bologne, un aigle se
percha sur la tente d'Auguste, battit vi-
goureusement deux corbeaux qui fon-
daient sur lui des deux côtés, et les renversa par terre, ce que toute l'armée remarqua pour un présage des dissentions
qui depuis advinrent entre Antoine, Lé-
pide et Auguste, et de la victoire que celui-ci remporta sur ses adversaires.

Peu de tems avant la mort de cet empereur, au moment où il faisait la revue
de son armée au Champ-de-Mars, devant

une grande multitude de peuple, un aigle vola plusieurs fois à l'entour de lui, puis alla ensuite se percher sur un temple près de là.

Claudius étant consul, entrait avec les faisceaux de verges dans le palais où l'on plaidait ordinairement, lorsqu'un aigle volant autour de lui, se percha sur son épaule droite.

Lucius Antonius, gouverneur de la Haute-Germanie, s'étant révolté contre l'empereur Domitien, on envoya des troupes pour réduire ce rebelle. Le jour même que la bataille fut donnée, un grand aigle ayant entouré de ses ailes la statue de Domitien à Rome, jeta des cris fort joyeux, ce qui présageait que les troupes de l'Empereur étaient victorieuses. En effet, quelque tems après on apprit la défaite d'Antonius.

Tibère, se trouvant à la tête des légions romaines à Rhodes, fut rappelé à Rome. Peu de jours avant qu'il reçût cet ordre, un aigle, (oiseau qu'on n'avait jamais aperçu auparavant à Rhodes) s'alla percher au sommet de sa maison, d'où il tira un heureux présage de sa grandeur future.

Un aigle s'arrêta sur le bouclier d'Hiéron ,
et lui présagea son élévation et ses victoires.

Deux aigles demeurèrent tout le jour sur
la maison où naquit Alexandre , et on
observa qu'un aigle volait sur la tête de ce
conquérant à la bataille d'Arbelle.

Les historiens ont rapporté que dans le
même tems que Charles-Quint faisait passer l'Elbe à l'infanterie espagnole , on vit
un aigle qui volait doucement , tantôt au-
dessus de la tête de l'empereur , et tantôt
au - dessus des troupes qui passaient le
fleuve.

Marc Polo dit que plusieurs rois de
Géorgie vinrent au monde avec l'empreinte
d'un aigle sur l'épaule droite.

L'Aigle de Sestos.

Une jeune fille de Sestos avait nourri et
élevé un aigle, qui, étant devenu grand ,
témoigna sa reconnaissance à sa bienfaitrice en lui apportant d'abord des oiseaux
qu'il prenait à la chasse, et ensuite force
gibier. La jeune fille mourut ; et comme
on brûlait son corps sur un bûcher , l'aigle

survint, se jeta dans le feu, et se brûla avec elle. En mémoire de cet évènement, les habitans de Sestos élevèrent en cet endroit un temple qui fut appelé le temple de Jupiter et de la Vierge, attendu que l'aigle est l'attribut de Jupiter.

Le roi Pyrrhus avait élevé un aigle qui lui porta le même attachement. Après la mort du prince, il ne voulut prendre aucune nourriture, et se laissa mourir de faim.

L'Aiglon de Voltaire.

Voltaire aimait beaucoup un jeune aiglon qui était enchaîné dans la cour de son château de Ferney. Un jour, l'aiglon se battit contre deux coqs, et fut grièvement blessé. Voltaire, désolé, envoie un exprès à Genève, avec ordre de ramener un homme qui passait pour un habile médecin d'animaux. Dans son impatience, il ne faisait qu'aller de la niche de son aiglon à la fenêtre de son appartement, d'où l'on voyait la grande route. Enfin il aperçoit son courrier, ayant en croupe l'Esculape tant désiré; il pousse un cri de joie, vole au-devant de lui, l'accueille de la manière

la plus distinguée, et lui prodigue prières
et promesses pour l'intéresser en faveur
de son malade. Le médecin examine les
blessures de l'aiglon. Voltaire, inquiet,
cherchait à lire dans ses yeux ses craintes
ou ses espérances. Le docteur déclare qu'il
ne peut prononcer qu'après la levée du
premier appareil; il promet de venir le
lendemain, et se retire après avoir été généreusement payé. Jusqu'au lendemain,
Voltaire fut sur les épines : enfin, la déci-
sion est qu'on ne répond pas des jours
de l'aiglon. Nouvelle source d'inquiétude.
La première question que Voltaire faisait
chaque matin à une de ses servantes nommée Madelaine, chargée de se trouver à
son réveil, était : Comment va mon aiglon? — Bien doucement, Monsieur, bien
doucement. Un jour enfin, Madelaine répond d'un air riant : Ah! Monsieur, votre
aiglon n'est plus malade. — Il est guéri !
quel bonheur ! — Il est mort. — Mort !
mon aiglon mort ! — Ma foi, Monsieur,
il était si maigre ! il vaut mieux qu'il soit
mort. — Comment, maigre ! s'écrie Voltaire furieux : la belle raison ! vous n'avez

qu'à me tuer aussi, parce que je suis maigre. Voyez la coquine! rire de la mort de mon pauvre aiglon, parce qu'il était maigre!... Sortez, sortez d'ici!

Madame Denis accourt aux cris de son oncle, et lui demande le sujet de sa colère. Voltaire le lui raconte, en murmurant toujours : Maigre! maigre! il faut donc me tuer aussi, moi....... Enfin, il exige que Madelaine soit renvoyée. La complaisante nièce feint d'obéir, et ordonne à la pauvre fille de se tenir cachée dans le château. Ce ne fut qu'au bout de deux mois que Voltaire demanda de ses nouvelles. Elle est bien malheureuse, lui dit madame Denis; elle n'a pu trouver de place à Genève, dès qu'on a su qu'elle avait été renvoyée du château de Ferney. — C'est sa faute. Pourquoi rire la mort de mon aiglon, parce qu'il était maigre?.... Cependant il ne faut pas qu'elle meure de faim: faites-la revenir; mais qu'elle ne se présente jamais devant moi. — Oh! mon oncle, elle n'aura garde. —A la bonne heure.

Voilà donc Madelaine sortie de sa cachette; mais évitant de rencontrer son

maître. Un jour, cependant, Voltaire, en
sortant de table, se trouve face à face avec
elle : Madelaine, interdite, rougit, baisse
les yeux, veut balbutier quelques excuses.
Ne parlons plus de cela, lui dit Voltaire;
mais au moins souvenez-vous qu'il ne faut
pas tuer tout ce qui est maigre.

L'Ane d'Ammonius.

Lorsque le savant Origène et le subtil
Porphyre allaient puiser la science dans les
doctes leçons du savant Ammonius, qui
enseignait dans l'école d'Alexandrie, ils
avaient pour compagnon et condisciple
l'âne même de leur maître, dont plusieurs
historiens nous ont transmis le souvenir.
Cet âne, dont parle Bayle dans son *Dictionnaire historique*, était dans la classe
l'exemple de tous les écoliers ses confrères.
On rapporte qu'il avait sur-tout un goût
merveilleux pour la poésie, au point qu'il
aimait mieux ne point toucher à la nourriture qu'on plaçait devant lui, que d'inter-
rompre son attention à la lecture d'un
poème. Entendait-il de beaux vers? on le
voyait donner à l'instant des marques éner-

giques d'approbation ; mais lorsqu'on en récitait de mauvais, il secouait les oreilles avec impatience. Si cet âne ou un de ses confrères doué du même tact assistait maintenant parmi nous aux séances de certaines sociétés littéraires, bon Dieu! comme il secouerait fréquemment ses oreilles.

Les Ânes de l'impératrice Poppée.

Marcus Varron fait mention d'un âne qu'il dit avoir été acheté quatre cent mille écus (c'est-à-dire, quarante mille francs de notre monnaie) par le sénateur Quintus Axius : si cela est vrai, le prix en est bien diminué aujourd'hui, et la raison en est facile à deviner ; c'est qu'ils sont devenus plus communs : depuis la porte de l'Athénée jusqu'à celle de l'Institut, j'en ai rencontré dans un aussi court trajet peutêtre plus qu'on n'en comptait dans tout l'empire romain.

On vit à la pompe de Ptolomée Philadelphe, quatre chars tirés par des zèbres. À la cour de France même, la course sur le dos des ânes a eu son tems ; les princesses montaient le paisible animal que

Buffon s'est plu à venger de nos dédains. Le 6 novembre 1777, la cour étant à Fontainebleau, il y eut une course de quarante ânes. Celui de ces animaux qui fut vainqueur, procura à son maître un chardon d'or et une somme de cent écus.

Juvénal et Dion rapportent que l'impératrice Poppée, femme de Néron, menait ordinairement à sa suite, quelque part qu'elle allât, cinq cents ânesses nourrices; et se baignait tout le corps dans leur lait, afin de se rendre par ce moyen la peau plus blanche et plus parfaitement tendue.

Les Anes du Maduré.

Chez les Indiens du Maduré, une des premières castes, la caste des Cavaravadouques, prétend descendre d'un âne : ceux de cette caste traitent les ânes comme leurs frères, prennent leur défense, poursuivent en justice et font condamner à l'amende quiconque les charge trop, ou les bat et les outrage sans raison et par emportement. Dans un tems de pluie, ils donneront le couvert à un âne; et le refuseront à son conducteur, s'il n'est pas d'une certaine condition.

Lorsque Saint-Foix fit paraître ses *Essais historiques*, le prince qui gouvernait le Maduré se trouvait être de cette caste : ainsi, les ânes doivent avoir encore acquis une nouvelle considération dans l'État.

Les Anes amateurs de musique.

Trois amis, tous trois gens d'esprit et hommes de lettres, se promenaient un jour dans une prairie. Après quelques momens d'une conversation également savante et agréable, un d'entre eux alla s'asseoir sur le revers d'un fossé, tira de sa poche une flûte traversière, et se mit à jouer quelques airs : les deux autres continuèrent leur conversation et leur promenade. Aux deux bouts opposés de la même prairie paissaient deux troupeaux d'ânes à une distance à peu près égale du joueur de flûte. A peine l'instrument se fit entendre, qu'il parut répandre la joie dans l'un et dans l'autre troupeau. Un instant après on vit deux de ces animaux se détacher chacun de son troupeau comme de concert,

s'avancer d'un pas grave et égal vers le nouvel Amphion, et s'approcher enfin de lui
jusqu'à reposer le bout de leur tête sur son
chapeau. Malgré le poids de ces deux mâchoires, qui vraisemblablement n'était
pas petit, le flûteur eut la constance de
jouer quelques airs en cet état, tandis que
ses deux amis jouissaient du plaisir d'admirer les deux animaux à longues oreilles
devenus immobiles, tant ils étaient attentifs
à la douceur des sons qui tenaient leurs
sens enchantés. La musique cessa enfin,
et les ânes se retirèrent. L'auteur de l'*Histoire critique de l'âme des bêtes*, affirme cette
anecdote, dont il avait été témoin.

On lit dans le *Mercure de France*, année 1769, qu'un jeune âne ne manquait
jamais d'assister aux concerts qu'on donnait fréquemment au château d'Ouarville,
dans le pays chartrain. Au premier pré-
lude des instrumens, il venait se poster
près d'une fenêtre de la pièce où se tenait
l'assemblée, et prêtait plus ou moins d'attention selon que la musique se trouvait
plus ou moins de son goût. La mélodie
avait pour lui un charme inexprimable,

mais le charivari des airs à grands fracas le faisait s'éloigner avec dédain. Il est très présumable que cet âne se serait souvent ennuyé à l'opéra.

La dame du château avait une voix charmante; sitôt qu'elle se faisait entendre, le bourriquet enchanté dressait ses longues oreilles et savourait avec délices l'ariette vive et légère et surtout la tendre romance. Un jour que l'on chantait un *duo* qui, sans doute, l'électrisa, le grison musicophile transporté, hors de lui-même, quitta soudain son poste accoutumé, entra sans façon dans le salon des concertans et se mit à braire de toutes ses forces pour exprimer son admiration, ou pour faire sa partie à sa manière.

Les animaux en général aiment la musique: Térentius Varron dit qu'étant chez le fameux orateur Hortensius, on leur servit à dîner sur un lieu élevé au milieu du parc. « Nous étions à table, continue-t-il, lorsque notre hôte fit appeler un homme qui arriva une cythare à la main : dès qu'il eut reçu l'ordre de chanter, il emboucha une trompette, et aussitôt nous fûmes en-

vironnés d'une si grande multitude de
cerfs, de sangliers et d'autres quadrupè-
des, que ce spectacle ne me parut pas
moins magnifique que ceux que donnent
les Ediles dans le grand cirque. »

L'Ane d'Anvers.

Samson tua dix mille Philistins avec une
mâchoire d'âne : c'est une particularité
assez remarquable que ce soit la mâchoire
de l'animal le plus pacifique qui soit devenu l'instrument d'un aussi grand carnage.

Voici une ânesse, au contraire, qui fut
cause qu'une ville considérable fut préser-
vée des horreurs d'un siége, et peut-être
d'une ruine entière, comme il n'arrive que
trop souvent dans ces terribles circonstances. Pendant que les Espagnols faisaient,
en 1585, le siége très long, très opiniâtre
et très meurtrier d'Anvers, il arriva une
petite circonstance, occasionée par une
ânesse, d'où résulta un grand évènement.

Une femme de distinction de la ville est
malade, et a besoin, pour sa guérison, de
prendre du lait d'ânesse. Comme il n'est
pas possible d'en trouver dans la place, un

jeune homme s'offre d'en aller chercher
une dans le faubourg; quoiqu'il soit occupé par les assiégeans. En effet, il l'amenait, lorsqu'il est pris et conduit au duc
de Parme. Ce général traite le jeune homme avec bonté, loue l'honnêteté de son
entreprise, fait charger l'ânesse de perdrix, de chapons, de tout ce qui peut être
utile à une malade, ordonnant que cela
soit mené à la dame, et qu'on dise au conseil et au peuple d'Anvers qu'il leur sou-
haite toutes sortes de prospérités. Cette
générosité du duc de Parme, à laquelle on
ne s'attend pas, fait une révolution générale en sa faveur. Il est décidé qu'il faut
lui envoyer au nom du public le meilleur
vin qui soit dans la ville. Les esprits s'a-
doucissent insensiblement par ces attentions mutuelles : on s'accoutume à penser
que les Espagnols ne sont pas aussi féroces
qu'on l'a cru. Cette opinion fait qu'on ne
pousse pas la résistance aussi loin qu'on
l'aurait fait sans cela, et qu'il y a beaucoup
de maux d'évités pour les assiégeans et
pour les assiégés.

Béatrix, femme de l'empereur Barbe-

rousse, éprouva mille outrages à Milan; les
habitans la mirent sur une ânesse, le visage tourné du côté de la queue, et ensuite
ils égorgèrent la garnison. L'empereur prit
la ville, la fit raser, et n'accorda la vie
qu'à ceux qui se soumirent à tirer avec
leurs dents, une figue du derrière de l'â-
nesse sur laquelle ils avaient mis l'impératrice.

L'Ane de Louis XI.

Lorsque les ânes se roulent dans la poussière ou bondissent avec joie, c'est un présage de beau tems; quand ils dressent les
oreilles et vont de côté, c'est un signe certain de pluie. On raconte que Louis XI,
impatienté des fausses prédictions des sa-
vans de sa cour, qui ne lui annonçaient
jamais le tems comme il arrivait, fit l'honneur à un âne de l'appeler à sa cour, et
lui donna le titre de son astrologue ordinaire.

Papire Masson rapporte qu'un des grands
plaisirs de Charles IX était de montrer son
adresse à abattre d'un seul coup la tête
des ânes qu'il rencontrait en allant à la

chasse. Un jour Lansac, un de ses favoris, l'ayant trouvé l'épée à la main contre son mulet, lui demanda gravement : « Quelle querelle est donc survenue entre Sa Majesté Très-Chrétienne et mon mulet? »

On lit dans Suétone, qu'Octave s'apprêtant à livrer à Marc-Antoine la bataille d'Actium, il rencontra un âne qui avait pour nom *Eutychus*, et dont le conducteur s'appelait Nicon. (*Eutychus* signifie *heureux*, et Nicon *victorieux*.) Etant demeuré vainqueur, il fit élever à cet âne et à son maître, une statue de bronze dans un temple qu'il fit bâtir au lieu même de la bataille.

Les Anes du roi de Perse.

Oléarius rapporte qu'un jour le roi de Perse le fit monter avec lui dans un petit bâtiment en forme de théâtre, pour faire collation de fruits et de confitures. Après le repas, on fit entrer trente-deux ânes sauvages sur lesquels le roi tira quelques flèches, et il permit ensuite aux ambassadeurs et autres seigneurs de tirer. Ce n'était pas un petit divertissement, dit Oléarius,

de voir ces ânes criblés de flèches, se mordre et ruer les uns contre les autres d'une
étrange façon. Quand on les eut tous
abattus et couchés devant le roi, on les
envoya à Ispahan, à la cuisine de la cour :
les Persans faisant un grand cas de la chair
de ces animaux.

L' Ane de Beaumarchais.

Beaumarchais vit devant sa porte un
pauvre grison chargé de légumes que ven-
dait une jeune fille de campagne : l'animal
avait l'oreille basse, les os près de la peau ;
il semblait faible sur ses jambes, et cherchait de tems en tems à tirer la paille des
sabots de sa conductrice, qui le rudoyait
sans lui donner à manger. L'auteur de *Fi-
garo* en a pitié ; il envoie un de ses domestiques acheter à la villageoise quelques
légumes, fait approcher l'âne de la grille
de sa maison, et lui donne lui-même une
botte de foin. C'était dans le commencement des tems révolutionnaires. Quelques
momens après un de ses voisins le prévient
qu'on se propose de faire des visites domi-
ciliaires, qu'il est désigné comme suspect,

et que, s'il ne veut pas être arrêté, il doit
fuir à l'instant. Beaumarchais hésite, se
consulte, délibère, enfin laisse le tems aux
gens armés d'investir sa maison. Il se cache dans une armoire. On entre, on cherche partout, on approche de son asile;
mais il échappe à l'œil des inquisiteurs :
un seul homme entr'ouvre sa cachette et
le reconnaît..... Il se croit perdu : heureusement cet homme était son meilleur
ami, qui, dans l'espoir de lui être utile,
avait suivi les sbires révolutionnaires....
On doit revenir cette nuit, lui dit-il tout
bas; *tâchez de ne pas les attendre.* Beaumarchais profite de l'avis; et dès que sa
maison est libre, il s'esquive par son jardin. Mais il était nuit, les rues étaient remplies de patrouilles : comment n'être pas
arrêté? Le plus sûr moyen était de sortir
de Paris; il y parvient en se glissant par
une barrière mal gardée. Le voilà errant
dans la campagne par une pluie abon-
dante, sans savoir où trouver un gîte. Il
frappe inutilement à plusieurs portes; enfin il aperçoit une lumière dans une vieille
masure; il appelle et demande l'hospita-

lité. « Ah! bien oui, dit un homme qui se présente à la fenètre; à l'heure qu'il est! cherchez vos dupes ailleurs. »

Beaumarchais insiste, prie, promet de payer son hôte. « Passez votre chemin, lui dit-on... » Il allait se retirer, lorsqu'il entend une jeune voix crier : « Ah! mon père, ouvrez vîte; c'est le bon Monsieur qui a donné du foin à notre âne. » Aussitôt la porte s'ouvre; il est reçu, choyé; il confie ses inquiétudes à ces cœurs reconnaissans, et s'en sert avec succès pour trouver le lendemain un asile plus commode et plus sûr. Il ne quitta pas ses hôtes sans aller à l'écurie visiter le pauvre baudet qui lui avait valu cet accueil amical.

Procès entre deux Anes.

Peu de procès ont fait plus de bruit que celui de l'âne de Jacques Féron, contre l'ânesse de Pierre Leclerc.

Des mœurs irréprochables, une vie exemplaire, un caractère de douceur, de modestie, étaient les qualités estimables que chacun reconnaissait, depuis douze ans, dans l'âne de Féron ; l'ânesse de Leclerc, au contraire, semblable à ces femmes dont la capitale est inondée, ne connaissait depuis long-tems, ni cette innocence, ni cette aimable pudeur qui conviennent si bien à son sexe. Sa conduite scandaleuse, fruit d'une éducation abandonnée, la faisait regarder de tout le monde comme une ânesse de mauvaise vie ; mais elle était belle, et la beauté de son corps, cachant les défauts de son âme, lui attirait toujours de nouveaux courtisans. L'âne de Féron était venu de Vanvres à Paris avec son maître. La dangereuse ânesse de Leclerc passa dans la rue où cet âne était arrêté ; elle fit les premières avances, comme à son ordinaire, et mit en usage toutes les ressources de la coquetterie ; sa voix retentissante annonça ses désirs : l'âne en fut ému. Il est des momens dans la vie où la vertu la plus éprouvée, les principes les plus sévères, cèdent aux attraits de la séduction : moment fatal à l'innocence de notre sage à longues oreilles ! il rompt avec effort le licou qui l'attachait, et oubliant son maître et son devoir, il suit la belle

ânesse, sur laquelle était montée la femme
Leclerc. Malgré la violence de ses feux, il
n'osa encore rien entreprendre; preuve de
sa modération ! Mais à peine la femme Leclerc eut-elle sauté à bas de son ânesse,
que notre âne amoureux la remplaça. Cette
femme Leclerc, qui n'avait point empêché
l'âne de Féron de suivre son ânesse, voulut
s'opposer au bonheur de tous deux; elle
saisit un bâton, et frappe à coups redou-
blés sur les oreilles et le dos de l'âne. L'âne
et l'ânesse se plaignent, en leur langage,
qu'on trouble leurs plaisirs; et, pendant
ce débat, la femme Leclerc s'aperçoit
qu'elle a été mordue au bras : elle s'em-
pare de l'animal, et l'emmène. Féron, inquiet de son âne, le cherche; mais ne le
retrouve que long-tems après chez Leclerc, qui, au lieu de le lui rendre, lui
demande 1,500 livres de dommages et intérêts pour la morsure, et vingt sous par
jour pour la nourriture dudit âne. Féron
s'y refuse. On plaide, et ce procès fameux
enflamme de part et d'autre le zèle des
avocats, et fait retentir le barreau des discours les plus éloquens. C'était au mois

de juillet 1750. Enfin, en septembre, l'âne de Féron gagna sa cause, grâce à sa bonne réputation, attestée par le certificat suivant :

« Nous, soussignés, prieur-curé et ha-
» bitans de la paroisse de Vanvres, avons
» connaissance que Jacques Féron et sa
» femme avaient un âne depuis quatre
» ans pour le service de leur commerce,
» et que, pendant tout le tems qu'ils l'ont
» eu, personne ne l'a connu méchant, et
» n'a jamais blessé personne, même pen-
» dant six ans qu'il a appartenu à un au-
» tre habitant, qu'aucun ne s'en est ja-
» mais plaint, ni entendu qu'il ait fait des
» malices dans le pays : en foi de quoi,
» nous, soussignés, lui avons délivré le
» présent témoignage. A Vanvres, ce 19
» septembre 1750. Signé, *Pinteul*, prieur-
» curé de Vanvres ; *Jérôme Patin, Claude
» Jeannet, Louis Rétoré, Louis Senlis,
» Claude Corbonnet.* »

L'ânesse de Leclerc ne put obtenir un témoignage aussi flatteur ; et voilà comme une bonne conduite obtient toujours sa récompense !

Anguilles sacrées.

Apollodore rapporte que les anciens Egyptiens avaient mis les anguilles au nombre de leurs dieux ; ils leur rendaient un culte religieux, et ils en élevaient dans des viviers, où des prêtres étaient chargés de leur apporter tous les jours du fromage et les entrailles d'autres animaux. Ils apprivoisaient ces anguilles sacrées et les décoraient de bijoux. On a trouvé des petits colliers d'or, enrichis de pierreries, portant une inscription hiéroglyphique gravée sur le fermoir, qui prouvaient qu'ils avaient servi de parure à des anguilles sacrées.

Athénée dit qu'il a vu dans certain pays des anguilles si apprivoisées, qu'elles venaient prendre dans la main ce qu'on leur offrait à manger.

M. Swallow, en allant de Saint-Pétersbourg à Moscow où les anguilles sont très-rares, en prit quelques-unes avec lui pour en faire des présens. Après les avoir tirées de l'eau on les laissa exposées à l'air pour les faire geler. Bientôt elles parurent être

tout-à-fait mortes, et semblables à des
morceaux de glace; on les enveloppa dans
de la neige; à leur arrivée à Moscow, c'est-
à-dire quatre jours après, on les mit dans
de l'eau fraîche, où elles dégelèrent et donnèrent peu-à-peu des signes de vie; bientôt elles furent entièrement remises.

Si je ne craignais pas de m'écarter du
but de cet ouvrage, je dirais sur un sujet
aussi curieux que l'expérience de secours
efficaces donnés à des hommes, ou entièrement gelés, ce qui n'est pas encore tout-
à-fait assez certain, ou du moins profondément engourdis, a eu lieu plusieurs fois
dans nos glaciers; M. Ramond, de l'Institut, en cite des exemples. Haller regrette
que l'on n'en ait tenté aucune sur un homme qui n'était pas même décoloré, et
qu'un torrent de glace fondante avait re-
vomi, autant qu'on en pouvait juger par
son costume, très long-tems après son
engloutissement.

L'Araignée de Pélisson.

Pélisson fut enveloppé dans la disgrâce

de Fouquet, sur-intendant des finances
sous Louis XIV : on le mit à la Bastille, et
on ne lui laissa d'autre société que celle
d'un Basque qui savait jouer de la musette. Une araignée vint le distraire dans
son ennui ; il entreprit de l'apprivoiser. Il
mit des mouches sur le bord de sa toile,
tandis que son Basque jouait de la musette.
L'araignée quittait alors son trou pour
courir sur la proie qu'on lui exposait. Elle
s'accoutuma tellement à sortir au son de
l'instrument, qu'elle partait toujours à ce
signal pour aller prendre une mouche au
fond de la chambre, et jusque sur les genoux de son pourvoyeur. Le gouverneur
de la Bastille vint un jour visiter Pélisson,
et lui demanda à quoi il s'occupait. « Vous
allez le voir, lui répondit celui-ci ; » et
donnant aussitôt le signal, il fit venir l'a-
raignée jusque sur sa main. Le gouverneur ne l'eut pas plus tôt vue, qu'il la fit
tomber à terre, et l'écrasa. « Ah, Monsieur ! s'écria Pélisson, j'aurais mieux aimé
que vous m'eussiez cassé le bras. » L'action du gouverneur était cruelle, et ne
pouvait venir que d'une ame atroce.

Tendresse de l'Araignée-Loup.

L'araignée-loup (ainsi nommée par Lister) renferme ses œufs dans une sorte de sac ou de bourse d'un tissu fort serré, qu'elle attache à l'extrémité de son corps à l'aide du suc glutineux qu'elle exprime de ses mamelons. Dans la vue de mettre à l'épreuve la tendresse singulière de cette araignée pour ses œufs, dit Bonnet dans son *Insectologie*, il me vint en pensée d'en jeter une des plus sauvages dans la fosse d'un grand fourmilion. Elle se tira bientôt du précipice, et remonta avec agilité au haut de la fosse. Je l'y précipitai de nouveau : le fourmilion, plus leste cette fois que la première, saisit avec ses cornes le sac aux œufs, et l'entraînait sous le sable pour en faire curée. De son côté, l'araignée s'efforçait de tirer à elle le sac, et de l'enlever au ravisseur invisible qui s'en emparait. L'espèce de glu qui collait le sac au derrière de l'araignée ne put tenir contre des secousses aussi violentes ; le sac se sépara du derrière ; mais l'araignée le

2*

reprit aussitôt avec ses pinces, et redoubla ses efforts pour l'arracher au fourmilion. Ce fut en vain, le fourmilion continua à entraîner le sac sous le sable : l'infortunée mère pouvait au moins dérober sa vie à l'ennemi ; elle n'avait qu'à lâcher le sac, et à regagner le haut de la fosse ; mais, chose étonnante ! elle préféra de se laisser enterrer toute vive.

Comme le sable me cachait ce qui se passait, je voulus en retirer l'araignée, pour m'assurer si elle tenait encore le sac aux œufs ; mais je m'y pris sans doute avec trop peu de ménagement ; le sac demeura au fourmilion. La tendre mère, privée de ses œufs, ne voulut point quitter la fosse où elle venait de les perdre. J'avais beau la piquer à plusieurs reprises, avec le bout d'un brin de bois pour l'obliger à sortir de la fosse, elle s'opiniâtrait toujours à y demeurer. Il semblait que la vie lui fût devenue à charge, et qu'il n'y eût plus pour elle de plaisir à espérer. Que de mères nous pourrions renvoyer à l'école de cette araignée !

L'Araignée musicienne et l'Araignée gourmande.

M. Rabigot, peintre estimé et professeur de dessin, à l'école royale d'Orléans, venant habiter un appartement sur le quai Bourbon, dans l'île Saint-Louis, à Paris, trouva dans ce logement deux araignées qui lui parurent assez intéressantes, pour qu'il veillât soigneusement à leur conservation.

Le jour de son arrivée, après le souper, étant sorti de table, sa bonne vint pour ôter le couvert ; elle fut saisie de frayeur à la vue d'une grosse araignée noire qui se promenait sur la nappe. Elle alla chercher son maître ; mais à leur retour, ils virent entrer l'araignée dans une boiserie qui la sauvait de leur atteinte. Le lendemain soir, après le souper, songeant à l'histoire de la veille, les yeux se portèrent vers la boiserie : l'araignée était sur le bord du trou, qui semblait attendre l'instant où l'on se leverait de table. M. Rabigot ne voulut point qu'on lui fît aucun mal : on sortit de la salle à manger ; et, à travers une porte vitrée on vit l'araignée venir sur la table, la parcourir, goûtant ce qui était sur les assiettes, s'arrêtant à ce qui lui convenait. Chaque soir elle vint régulièrement à la même heure ; et, pour ne point la troubler dans son repas, on avait le soin de n'ôter le couvert que le lendemain matin. Lorsqu'on voulait se procurer le spectacle d'un combat, on laissait sur la table une mouche, la plus grosse qu'on avait pu trouver : souvent la victoire était long-tems balancée ; néanmoins l'araignée sortait toujours triomphante de la lutte.

L'autre araignée, plus familière encore, fut découverte par mademoiselle Olympe Rabigot, lorsqu'elle étudiait son piano. Devant elle, au-dessus de l'instrument, était placé le portrait en pied de sa mère ; elle aperçut une araignée grise, d'une moyenne grosseur, qui descendait doucement le long du cadre du tableau. Elle cessa son jeu pour appeler son père : l'araignée alors remonta au haut du tableau. Lorsqu'elle entendit de nouveau le piano, elle reparut et descendit un peu plus bas que la première fois. On ne l'inquiéta nullement ; le lendemain elle s'approcha davantage, et continua de même chaque jour ; de sorte que bientôt elle descendit sur le piano même, où elle restait immobile tant que l'on jouait de l'instrument : sitôt que l'on cessait, elle regagnait vite le haut du tableau.

Cette petite bête était tellement attentive à la musique, que rien ne pouvait la distraire. On jeta quelquefois près d'elle des mouches à qui l'on avait ôté les ailes, sans qu'elle cherchât nullement à s'en emparer.

Lorsque M. Rabigot quitta cet appartement, il chercha à emmener ses deux araignées. Pendant que celle de la salle à manger était sur la table, on boucha le trou de la boiserie où elle se réfugiait ; mais lorsqu'on vint pour la prendre, elle se sauva dans un autre endroit d'où on ne put l'avoir, et le lendemain elle ne reparut pas comme à son ordinaire.

Ce qu'il y a de singulier, c'est que celle du salon ne revint pas non plus écouter la musique ; comme si elle eût été avertie par l'araignée gourmande de la tentative faite pour s'emparer d'elle. On croyait la trouver derrière le portrait ; mais on l'y chercha vainement, et l'on ne découvrit aucune retraite à l'entour.

L'intendant de madame de Vendôme raconte qu'étant à la campagne, il monta un jour dans sa chambre après la promenade, et prit un violon pour en jouer en attendant le souper. Il n'eut pas joué un quart d'heure, qu'il vit grand nombre d'araignées descendre du plancher, et venir se ranger sur une table près de lui : elles y restèrent tant que dura la symphonie. Ce spectacle lui parut si singulier, qu'il prit plaisir à le renouveler plusieurs fois.

Araignées d'Héliogabale.

Héliogabale crut ne pouvoir donner à l'Univers une plus vaste idée de l'étendue de Rome, qu'en faisant ramasser toutes les toiles d'araignées des maisons. Il les fit transporter dans un lieu où elles formèrent une élévation considérable. Il y en avait cent mille pesant. Quelle autre ville que Rome, s'écriait-il, pourrait fournir une telle quantité de toiles d'araignées!

Thomas Smith rapporte que dans l'île de Java, on a trouvé des toiles d'araignées ourdies avec des fils si forts, qu'il était impossible de les diviser sans se servir d'un couteau.

Helvétius raconte que le duc de Lorraine donnait un grand repas à toute sa cour. On avait servi dans une salle qui donnait sur un parterre. Au milieu du souper, une femme voit une araignée. La peur la saisit, elle pousse un cri, quitte la table, fuit dans le jardin, et tombe sur le gazon. Au moment de sa chute, elle entend quelqu'un rouler à ses côtés; c'était le premier ministre du duc. « Ah! Monsieur, pardonnez; j'ai sans doute causé une grande frayeur à toute la société; mais je n'ai pas été maîtresse de mon effroi. — Eh! Madame, qui pourrait y tenir! Mais, dites-moi, était-elle bien grosse? — Ah! Monsieur, elle était affreuse. — Volait-elle près de moi? — Que voulez-vous dire? une araignée voler! — Eh quoi, reprend le ministre, pour une araignée

vous faites ce train-là ; allez, Madame, vous
êtes folle : je croyais, moi, que c'était une
chauve-souris. »

L'Aspic de Cléopâtre.

Après la bataille d'Actium, où Marc-Antoine, vaincu, se donna la mort, Cléopâtre
chercha à captiver son vainqueur; mais
n'ayant pu se faire aimer d'Auguste, et
craignant de servir à son triomphe, elle
préféra mourir.

Il se trouve en Égypte une espèce d'aspic que Galien nomme *Pityas*, qui (comme
s'il avait de la connaissance) alonge le cou
à proportion de la distance qui est entre
lui et les passans, et leur lance au visage
son venin mortel. Cléopâtre commanda à
deux de ses femmes, l'une appelée Nacra,
l'autre Carmion, de lui apporter un de ces
aspics sous des figues et des raisins, pour
le dérober à la vue de ses gardes ; elle se fit
piquer au sein, et mourut ainsi à l'âge de
trente-neuf ans.

Dévoûment d'une Baleine.

Goldsmith rapporte comme un fait authentique, qu'une baleine et son petit étaient entrés dans un bras de mer où, par l'effet du reflux, ils se trouvèrent bientôt enfermés. Le peuple, qui du rivage avait remarqué cela, vint à eux dans des chaloupes, et les attaqua avec toutes les armes qu'il avait pu trouver à la hâte : ces animaux reçurent plusieurs blessures, et la mer était teinte de leur sang. Après avoir, à diverses reprises, vainement essayé d'échapper, la mère parvint enfin à franchir les bas-fonds : mais, quoiqu'elle fût elle-même en sûreté, elle ne put voir tranquillement le danger auquel son petit restait exposé; elle s'élança de nouveau dans les bas-fonds où son petit était enfermé, résolue de partager du moins son sort, si elle ne pouvait réussir à le sauver. Ce dévoûment maternel eut sa récompense ; l'heure de la marée étant arrivée, ils parvinrent à échapper tous les deux à leurs ennemis, quoiqu'ayant reçu, l'un et l'autre, un grand nombre de blessures.

Belettes privées.

Mademoiselle Delaistre, dans une lettre

qui a été publiée, donne un détail fort
agréable de l'éducation et des mœurs d'une
belette dont elle avait pris soin. «Les deux
premiers jours, dit-elle, je la nourris de
lait chaud; mais, jugeant qu'il lui fallait
des alimens qui eussent plus de consis-
tance, je lui présentai de la viande crue,
qu'elle mangea avec plaisir; depuis, elle a
vécu de bœuf, de veau, ou de mouton in-
différemment, et s'est privée au point qu'il
n'y a pas de chien plus familier. Ma chambre est l'endroit qu'elle habite. Par des par-
fums, j'ai trouvé moyen de chasser son
odeur. La nuit, je la mets dans une boîte
grillée; toujours elle entre avec peine, et
sort avec joie. Si on lui donne la liberté
avant que je sois levée, après mille gentillesses qu'elle fait sur mon lit, elle y entre et
vient dormir dans ma main. Suis-je levée
la première, pendant une demi-heure elle
me fait des caresses, saute sur ma tête,
sur mon cou, tourne autour de mes bras,
de mon corps, avec une légèreté et des
agrémens que je n'ai vus à aucun des qua-
drupèdes. Je lui présente les mains à plus

de trois pieds, elle saute dedans sans jamais manquer.

« Au milieu de vingt personnes, ce petit animal distingue ma voix, cherche à me voir, et saute par dessus tout le monde pour venir à moi. Son jeu avec moi est plus gai, ses caresses sont plus pressantes ; avec ses deux petites pattes, il me flatte le menton avec des grâces et une joie qui peignent le plaisir. Je suis la seule qu'il caresse de cette manière ; mille autres petites préférences me prouvent qu'il m'est réellement attaché.

« Une singularité de ce petit animal est sa curiosité. Je ne puis ouvrir une armoire, une boîte, regarder un papier, qu'il ne vienne regarder avec moi. Si, pour me contrarier, il s'écarte ou entre dans quelques endroits ou je crains de le voir, je prends un papier ou un livre, je regarde avec attention ; aussitôt il accourt sur ma main, et parcourt ce que je tiens, avec un air de satisfaire sa curiosité.

Cette belette avait lié connaissance avec le chien et le chat de la maison ; elle jouait avec eux, se mettait autour de leur cou, sur leur dos, sans qu'ils se fissent de mal. »

Buffon écrit qu'un homme ayant trouvé une portée de jeunes belettes, résolut d'en élever une, et que ce petit animal s'attacha si bien à son maître, qu'il s'amusa à l'exercer, un jour de fête, dans une promenade publique, où la jeune belette le suivit constamment, sans prendre le change, pendant plus de six cents pas, et dans tous les détours qu'il fit à travers les spectateurs.

Amitié de deux Blaireaux.

M. *Sigaud de Lafond*, dans ses *Merveilles de la Nature*, rapporte que, vers la fin de septembre 1774, deux particuliers du village de Chapelletière, près du château de Venours, se rendant au bourg de Rouillé, en Poitou, trouvèrent dans un chemin creux, à une lieue de leur domicile, un *blaireau* que leur chien fit sortir d'un fossé; ils l'assommèrent avec leurs bâtons, et ils décidèrent que la curée s'en ferait au hameau, et qu'ils partageraient entre eux le prix de la peau qui serait vendue. Faute de corde, ils l'attachèrent avec

un lien de branchage, et chacun le traîna
à son tour. A peine ces voyageurs eurent-ils
fait quelques pas, que l'un d'eux tour-
nant la tête, aperçut un autre blaireau
qui les suivait d'un air triste. Ils s'arrêtèrent, et ce malheureux animal vint se
jeter sur le cadavre de son camarade, et
se laissa traîner avec lui. Ils l'emmenèrent
jusqu'au village, où cet animal ne fut
point épouvanté de la multitude de personnes qui vinrent considérer ce spectacle, et le blaireau vivant resta constamment sur le mort. On les abandonna
aux enfans, qui tuèrent l'animal vivant,
et les firent brûler tous les deux ; action
qui prouve la cruauté des gens sans éducation.

La Biche de Sertorius.

Sertorius, cet esprit ardent et ce fameux général, excellait dans l'art de
gouverner et de conduire une armée.
Tout, entre les mains de ce grand capitaine, servait à enflammer ou à rassurer
le cœur du soldat. Il avait reçu d'un habitant de la Lusitanie une biche d'une rare

beauté, d'une blancheur éblouissante, et de la plus grande légèreté. «Guerriers, dit Sertorius à l'armée, vous voyez un présent des dieux; c'est l'organe dont Diane se sort pour me donner des avis secrets, décider mes doutes et m'inspirer des projets de la plus grande utilité. » S'agissait-il de faire marcher ses troupes à quelque expédition pénible ou dangereuse : « Songez, leur disait-il, songez que la biche l'ordonne. » A ce mot, tout pliait comme à la voix du ciel. Cet animal ne quittait jamais son maître, même au milieu des combats et du tumulte des armes. Cependant à la bataille de Sucron, la biche ne put suivre Sertorius, et s'égara. Le général feignit de n'oser rien entreprendre contre l'ennemi, attendu qu'il était privé des avis qu'il recevait de Diane par l'entremise de sa biche. Il la croyait perdue, lorsqu'il apprit, peu de jours après, qu'elle était retrouvée : « Tais-toi, dit-il à celui qui lui en portait la nouvelle, je te voue à tout le ressentiment de ton général, si tu en dis un mot en public. Demain, au moment que mes amis m'environneront, fais que la biche paraisse tout-à-coup. »

Le jour suivant, les officiers qu'il admettait à sa familiarité étant venus le saluer : « J'ai vu, leur dit Sertorius, j'ai vu en songe la biche perdue ; elle revenait à moi, et me conseillait comme à l'ordinaire. » Il n'avait pas achevé, qu'au signal convenu l'animal s'élance au milieu de l'assemblée : ce ne fut qu'un cri général d'admiration.

On rapporte que, plus d'un siècle après la mort d'Auguste, on trouva sa biche avec un collier sur lequel étaient écrits ces mots latins : *Noli me tangere, quia Cæsaris sum.*

Pausanias fait mention d'une biche dont le collier avait cette inscription : *Je fus prise étant faon, lorsqu'Agénor délivra Troyes.* D'après cette inscription, cette biche était âgée d'environ sept cents ans. On l'entretenait comme un animal sacré dans l'enceinte d'un temple.

Bœufs des Anciens.

Chez les Anciens, le bœuf était si précieux, comme agricole, que Pline rapporte l'exemple d'un citoyen accusé devant le peuple, et banni pour avoir tué un bœuf, dans l'intention de le manger. Valère - Maxime rapporte le même fait. Dans les villages habités par les Brames, quiconque mange de la chair de bœuf, passe pour un être infâme, abominable ; et les Grecs modernes, en Chypre, ne se nourrissent jamais de cette viande, par respect pour l'animal laboureur.

Pausanias dit qu'après le sacrifice des Athéniens à Jupiter Policüs , le prêtre qui avait tué le bœuf d'un coup de hache prenait la fuite, et les assistans assignaient la hache en jugement.

Hérodote dit que les Égyptiens enterraient les bœufs, laissant sortir hors de terre une corne , ou quelquefois toutes les deux , pour marque qu'il y avait un bœuf enterré en cet endroit. Des navires venaient de tems en tems emporter les os de ces bœufs, pour les mettre tous ensemble dans l'île appelée Prosopis.

Le Bœuf Apis.

Les Égyptiens révéraient ce bœuf, remarquable au côté droit par une tache
blanche figurée en nouveau croissant de
lune. La religion ne permettait pas de laisser vivre Apis au-delà d'un certain nombre d'années : parvenu à cet âge prescrit,
on le noyait dans la fontaine des prêtres,
avec de grandes cérémonies ; après quoi
on cherchait un autre bœuf semblable
pour le substituer au défunt , dont on
célébrait le deuil jusqu'à ce qu'il eût un
successeur. Pendant cet intervalle , les
Égyptiens étaient dans la tristesse et se
rasaient même les cheveux. Aussitôt que
le nouveau dieu Apis était trouvé , les
prêtres le conduisaient à Memphis, dans
le temple d'Osiris , où il avait deux superbes étables. Son séjour dans l'une annonçait le bonheur de l'Égypte , et c'était
un présage fâcheux quand il habitait
l'autre. Les Égyptiens consultaient Apis
comme un oracle. En le consultant , on
se mettait les mains sur les oreilles ; on
les tenait bouchées jusqu'à ce qu'on fût

sorti de l'enceinte du temple : alors on prenait pour réponse du dieu la première chose qu'on entendait. Chaque consultant offrait quelque nourriture au dieu Apis. Il s'éloigna de la main de César Germanicus ; et ce prince ne survécut pas long-tems à cette marque d'aversion. Ce bœuf vivait retiré, et ne se montrait en public que dans les occasions solennelles : alors il marchait précédé de licteurs qui écartaient la foule, et accompagné d'un cortége d'enfans qui chantaient des hymnes en son honneur. Il paraissait comprendre qu'on lui rendait des hommages, et se complaisait à les recevoir. Une fois seulement chaque année, on lui présentait une vache dont les marques n'étaient pas les mêmes que celles d'Apis, mais étaient au surplus également prescrites par l'usage. Tous les ans, il y avait une semaine consacrée à célébrer la naissance du bœuf Apis.

Le Bœuf gras.

C'est sans doute par un reste de cette vénération que les anciens avaient pour le

bœuf, que chaque année, à Paris, on en
promène un solennellement. On le nomme
le *Bœuf gras*, soit parce que cette promenade triomphale à lieu dans les jours gras,
soit parce qu'on choisit à cet effet le plus
beau de ces animaux. On le pare de guir-
landes, ses cornes sont dorées, de riches
ornemens le couvrent de toutes parts. Un
enfant, assis sur ce superbe animal, représente le dieu des amours; il tient dans ses
mains l'arc et les flèches du roi de Cythère;
le fils même de Vénus ne pouvait être plus
séduisant que ne l'est pour l'ordinaire son
petit représentant. Jupiter, Hercule, Mars,
Pluton, sont à ses côtés; tous les maîtres
bouchers de la capitale sont là sous le
brillant costume des dieux de la fable;
leurs garçons ont quitté le bonnet blanc,
pour ceindre leur tête d'une couronne de
chêne; l'imposante massue remplace dans
leur main le large couperet : ce sont autant
de sauvages, dont les membres forts et
nerveux s'accordent parfaitement avec le
costume. Une musique guerrière les accompagne; des étendards flottent au milieu de cette riche cavalcade, et l'animal

superbe marche lentement et avec gravité
au centre du cortége.

On le promène ainsi, pendant plusieurs
jours, dans les différens quartiers de Paris;
et, lorsqu'il a fait l'admiration de toute la
ville, ce dieu de la fête est immolé pour
faire les délices des tables les plus choisies.

Le Bœuf de Vespasien.

Vespasien n'étant encore que chef d'une
partie des légions romaines, un bœuf qui
labourait aux champs ayant jeté son joug,
entra à pleine course dans la chambre où
il soupait, mit en fuite tous les serviteurs,
puis se laissant tomber aux pieds de Vespasien, qui était demeuré à table, il flé-
chit le cou devant lui. On regarda cela
comme le présage de l'élévation de Vespasien à la souveraineté de l'Empire; ce qui
se réalisa quelque tems après.

Les Bœufs d'Annibal.

Fabius Maximus, à la tête des troupes
romaines, eut l'adresse d'enclore Annibal
dans des montagnes, de manière que les

Carthaginois fussent morts de faim ou se
fussent enfuis avec honte, si leur général
n'avait eu en lui des ressources pour toutes les circonstances. Annibal, voyant où
l'avait conduit son imprudence, épia le
moment de faire agir une ruse extraordinaire : il se fit amener deux mille bœufs,
leur fit attacher aux cornes des fagots de
sarment, et y ayant mis le feu, les chassa
la nuit vers le camp de Fabius. Les Romains étonnés retinrent leurs troupes dans
leur camp, de peur de surprise : Annibal
qui l'avait prévu, profita de leur étonnement et de leur crainte pour s'échapper
sans danger, et conduire son armée dans
une position plus avantageuse.

Le Brochet de l'empereur Frédéric II.

Willulgby parle d'un brochet pesant
quarante-trois livres. Le docteur Braud en
a pris un de sept pieds de long dans un
étang près de Berlin. « J'ai vu dit Jons-
ton, un grand brochet qui contenait dans
son ventre un autre gros brochet, lequel
avait dans le sien un rat d'eau. » En 1497,

on en prit un à Kaiserslautern qui avait
19 pieds de long, et qui pesait trois cent
cinquante livres. Il fut peint, et son portrait est encore dans le château de Lau-
tern, tandis que son squelette est conservé
à Manheim comme une curiosité. Frédéric II, empereur, l'avait mis dans cet étang
avec un anneau d'or, sur lequel étaient
gravés ces mots : *Je suis le premier poisson
qui ait été mis dans cet étang, et j'y ai été
mis de la main de l'empereur Frédéric II,
le 5 octobre 1230.* Ce brochet fut pris en
1497, deux cent soixante-sept ans après.

Il y en avait un au vivier du Louvre,
du tems de Charles IX, qui, quand on
criait *Lupule, Lupule,* se montrait, et venait prendre le pain qu'on lui jetait.

Le Busard de M. Fontaine.

L'anecdote suivante, racontée par M.
Fontaine, fut trouvée assez intéressante
pour être insérée dans L'histoire naturelle
de Buffon. « En 1763, dit M. Fontaine,
on m'apporta un busard (oiseau d'environ
20 pouces de long) qui avait été pris dans
un piége. Il était extrêmement farouche;

j'entrepris de l'apprivoiser, et j'y parvins
en le laissant jeûner, et le contraignant
de venir manger dans ma main. L'ayant
rendu très familier, au bout de six semaines de captivité, je lui accordai quelque liberté, en prenant cependant la précaution de lui lier les deux fouets de l'aile;
de cette manière, il se promenait dans
mon jardin, et venait à moi, lorsque je
l'appelais pour lui donner sa nourriture.
Quand je crus pouvoir me fier à sa fidélité,
je lui ôtai ses liens, lui attachai une petite
cloche au-dessus du pied, et sur la poitrine, un morceau de cuivre où mon nom
était gravé. Alors, je lui donnai une entière liberté, dont il abusa bientôt, car il
s'envola jusque dans la forêt de Belesme.
Je le crus perdu; mais quatre heures après,
je le vis se précipiter dans ma salle à manger, qui était ouverte, poursuivi par cinq
autres busards, qui l'avaient forcé de regagner son asile.

» Depuis cette aventure, il me fut toujours fidèle, passant toutes les nuits sur
ma fenêtre. Il devint si familier, qu'il semblait se plaire en ma compagnie. A mon

dîner, il se plaçait au coin de la table, me caressait souvent avec sa tête et son bec, en poussant un cri aigu que j'avais seul le pouvoir de lui faire adoucir. Un jour que je faisais une promenade à cheval, il me suivit plus de deux lieues en volant au-dessus de ma tête.

» Il détestait également les chiens et les chats; il avait souvent de rudes combats à soutenir contre eux, et triomphait presque toujours. J'avais quatre gros chats, que je lâchai dans mon jardin avec mon busard. Je leur jetai un morceau de viande crue; le plus leste des chats s'en saisit; les autres le poursuivirent; mais, l'oiseau se précipitant sur l'animal, lui mordit les oreilles, et le terrassa si rudement avec ses pieds, qu'il fut obligé d'abandonner sa proie. Un autre chat voulut s'en emparer, et reçut le même traitement, jusqu'à ce que le busard fut l'unique possesseur du butin; il se défendait si adroitement, que se sentant assailli par les quatre chats ensemble, il s'envola avec sa proie dans ses serres, en poussant un cri de triomphe. Enfin, les chats, ennuyés de se voir toujours vaincus, ne voulurent plus rien lui contester.

« Ce busard avait une singulière antipathie, il ne pouvait pas voir un bonnet rouge sur la tête d'aucun paysan, et le leur enlevait si lestement, qu'ils se sentaient la tête découverte sans pouvoir deviner ce qu'étaient devenus leurs bonnets. Il arrachait de même les perruques sans les endommager, et portait ces bonnets et ces perruques sur l'arbre le plus haut du parc voisin, où il cachait ordinairement son butin.

« Il ne faisait aucun dégât dans ma basse-cour, et la volaille qu'il avait d'abord effrayée, s'accoutuma insensiblement à lui. Il se baignait avec les poulets et les canards, sans leur faire aucun mal. Mais, ce qui est singulier, c'est qu'il n'était pas aussi doux pour les volailles de mes voisins, et je fus souvent obligé de leur promettre de réparer le tort qu'il aurait pu faire. On tira pourtant sur lui plusieurs fois, sans jamais le blesser ; mais un jour, de grand matin, à l'entrée d'une forêt, il osa attaquer un renard. Le garde, qui l'a-

perçut sur le dos de l'animal, lui tira deux
coups de fusil; le renard fut tué, et le busard eut l'aile cassée : malgré cette blessure, il échappa au garde, et fut perdu
sept jours. Cet homme, ayant découvert,
par le son de la cloche; que c'était mon
oiseau, vint, le lendemain matin, m'in-
former de ce qui lui était arrivé, Je le fis
chercher, mais on ne le trouva pas. J'a-
vais coutume de l'appeler tous les soirs,
par un coup de sifflet. Il fut six jours sans
y répondre; mais au septième j'entendis à
quelque distance un faible cri, que je ju-
geai être celui de mon busard : je sifflai
une seconde fois, le même cri me répondit. Je me transportai à l'endroit d'où partait le son; je trouvai enfin mon pauvre
oiseau, qui, malgré son aile cassée, s'était
traîné plus d'une demi-lieue pour gagner
son asile dont il était éloigné de cent vingt
pas. Quoiqu'il fût très faible, il me fit
beaucoup de caresses. Il fut six semaines à
se rétablir, au bout desquelles il reprit ses
anciennes habitudes. Je le conservai encore un an. Il disparut alors pour toujours. Je suis convaincu qu'il périt par

accident, et qu'il ne m'abandonna pas de son plein gré. »

Caille des Romains.

Les anciens attachaient de grandes vertus à cet oiseau lascif, jusqu'au point d'imaginer que la présence d'une caille dans une chambre à coucher, y procurait à l'heureux dormeur des songes voluptueux.

Les mâles de cette espèce ne peuvent absolument se souffrir; aussi ces oiseaux étaient-ils du nombre de ceux que faisaient combattre publiquement les Anciens; et il fallait qu'ils fussent en grande vénération chez les Romains, puisque Auguste punit de mort un préfet d'Egypte, pour avoir acheté et fait servir sur sa table une caille qui avait acquis de la célébrité par ses victoires.

Canard ami d'un Chien.

J'ai eu sous les yeux, pendant plusieurs mois, dit M. Fréville, dans son *Histoire des chiens célèbres*, un canard singulier, qui vivait dans une bouverie remplie de

bêtes à cornes, et ces paisibles animaux
étaient gardés par un chien noir et une
grande levrette.

Le canard, que l'on apporta tout jeune
de la campagne, ne tarda pas à faire connaissance avec ses nouveaux hôtes; mais
le chien noir lui parut mériter une affection toute particulière. Il la lui témoigna
d'abord par des saluts réitérés, et des caresses de sa façon; bientôt après, enhardi
par la douceur et la familiarité de son
compagnon, il prit part à ses jeux et à son
badinage. Quand le chien noir poursuivait la levrette, le canard courait avec lui
de toute sa force; lorsque la levrette, au
contraire, pourchassait le chien noir, le
canard la traversait bravement dans sa
course; il s'opposait à son passage en bat-
tant des ailes, et en faisant un vacarme
horrible pour déconcerter l'assaillante.

Je l'ai vu cent fois, devant mes fenêtres,
joindre sa voix nazillarde à ses élans boî-
teux, afin de chasser devant lui les bœufs
ou les moutons que l'on faisait sortir de l'é-
table, pour les conduire dans un autre
lieu. D'autres fois, montant sur le dos du

chien noir, il y restait des heures entières, sans que celui-ci parût fâché, en nulle façon, de cette familiarité. Quelque bruit imprévu se faisait-il entendre, ou quelqu'autre motif attirait-il le chien dans la rue; celui-ci, chargé du canard, comme un cheval de son cavalier, courait avec le canard, qui, de son large bec, tenait fermement sa monture, et ne lâchait point prise. En un mot, telle était l'intimité de ces deux animaux, qu'ils étaient toujours ensemble, et que le canard ne pouvait vivre sans le chien, ni le chien sans le canard.

Amitié entre un Canard et un Dindon.

On lit, dans les *Merveilles de la Nature,* qu'on a vu à Bagouère, près de Clémentin dans le Haut-Poitou, une liaison, un attachement bien singulier qu'avaient contractés entre eux un canard et un dindon. Ces animaux ne se quittaient jamais, et la mort ne put les séparer que pour peu de tems. L'arrêt de mort ayant été prononcé contre le dindon, la cuisinière se mit en devoir d'exercer ses fonctions. Le

canard, témoin du meurtre de son camarade, jeta des cris de désespoir, et essaya
même de tirer vengeance de la cuisinière
par des coups de bec qu'il lui porta; mais
il ne put empêcher ni reculer le moment
fatal qui lui enlevait son camarade. Sa
douleur fut si vive, que dès ce moment il
refusa toute nourriture. Il passa trois jours
sans manger, et il eût vraisemblablement
péri d'inanition, si on ne lui eût fait subir
le sort du dindon. Oreste et Pylade ne nous
offrent point un exemple plus touchant!

Carpes de Pontchartrain.

« J'ai vu, dit Buffon, chez le comte de
Maurepas, dans les fossés de son château
de Pontchartrain, des carpes qui avaient
au moins cent cinquante ans avérés; elles
m'ont paru aussi agiles et aussi vives que
des carpes ordinaires. » Trois de ces vieilles
carpes se nommaient *Amphytrite*, *Triton*
et *Naïs*. C'était moins leur grand âge qui
les rendait dignes d'attention, que leur
familiarité, et leur ponctualité à se rendre à la voix de la personne qui les nourrissait. Dès qu'on les appelait, elles parais-

saient à fleur d'eau, et regardaient attentivement. On les avait accoutumées à
venir tantôt toutes ensemble, tantôt l'une
après l'autre. Elles connaissaient parfaitement leur nom et la voix de celui qui les
gouvernait. La première était un peu plus
gourmande ; souvent elle mangeait seule
le pain qu'on jetait pour toutes trois. Alors,
on la punissait par quelques mots ; il suf-
fisait de dire avec un ton de mécontente-
ment : « Allez, *Amphitrite*, allez ! » Singulièrement sensible à ce reproche, cette
carpe, aussi grosse qu'un enfant, s'enfon-
çait soudain au fond de l'eau, et s'y tenait cachée jusqu'à ce qu'on la rappelât.
On la laissait ainsi quelquefois trois et quatre jours de suite. La jugeait-on suffisam-
ment punie, on lui disait d'une voix dou-
ce : « *Amphitrite*, venez, ma fille, venez. »
Elle revenait toute contente, et donnait
des coups de queue en signe de joie.

Un grand plaisir pour ces animaux
aquatiques, c'était la musique. On n'a-
vait qu'à jouer du flageolet, ils accou-
raient à l'envi au bord des fossés, et restaient immobiles durant des heures en-

tières, pour entendre les sons de ce petit instrument.

Remplies de finesse et de précaution, ces carpes se donnaient bien de garde d'approcher de tout autre que de celui qui les soignait. D'un œil perçant ou d'une oreille fine, elles distinguaient parfaitement les étrangers ou les malveillans. Ayant été souvent trompées pendant le long cours de leur vie, les accidens les avaient rendu prudentes, et les appâts les plus séduisans n'étaient point capables de les tenter.

On a remarqué qu'*Amphitrite, Triton* et *Naïs* affectionnaient beaucoup les petits enfans; à leur voix elles venaient à la surface de l'eau : elles jugeaient sans doute que ces petits êtres n'avaient aucune malice, et n'étaient point capables de leur faire aucun mal.

Castors apprivoisés.

Les Anciens admiraient les travaux merveilleux des castors; il était défendu de les tuer, dans la religion des Mages.

Deux jeunes castors qui avaient été pris vivans, et amenés à un facteur de la baie d'Hudson, se portèrent bien pendant quelque tems, et grossirent à vue d'œil, jusqu'au moment où l'un d'eux fut tué par accident. Celui qui lui survécut, fut si sensible à cette perte, qu'il s'abstint volontairement de toute nourriture, et mourut peu de tems après.

Le major Roderfort de New-York avait un castor privé, dans sa maison, où il courait librement et sans être attaché; on le nourrissait de pain, et quelquefois de poissons, dont il était fort avide. On avait soin de ne pas le laisser manquer d'eau; il portait dans l'endroit où il avait coutume de se coucher, tous les chiffons et les choses douces au toucher qui se trouvaient sur son chemin, et en composait son lit. Une chatte de la maison, qui avait des petits, prit possession de ce coucher : il n'y mit aucune opposition. Quand la chatte s'éloignait, le castor prenait souvent les petits entre ses pattes, et les serrait tendrement contre sa poitrine, comme pour les réchauffer; et dès que la chatte revenait, il lui remettait le dépôt dont il s'était chargé.

Plusieurs voyageurs font mention des expéditions guerrières des castors. Au printems, ils s'assemblent par cantons, pour faire la chasse aux castors des environs. Leur but est de faire des prisonniers, que les vainqueurs amènent dans leurs habitations, où ils les emploient, comme leurs esclaves, à différens travaux.

Cerfs instruits.

Le cerf est le plus bel ornement de nos foréts. Son inclination le porte même volontiers vers l'homme, qui est son plus cruel ennemi. Cet animal est sensible à la musique; on l'a surpris plusieurs fois, attentif au flageolet d'un berger, s'en approcher autant que sa timidité le lui permettait. Dans l'ancienne Rome, il n'était point rare de voir des voitures traînées par ces animaux, si légers à la course. L'empereur Héliogabale paraissait quelquefois en public dans un char traîné par quatre cerfs.

La stature du cerf est quelquefois colossale; on en peut juger par les grands os de celui qui fut chassé sous François Ier, dans le bois de Chambor. Il est peu de voyageurs qui n'aient été voir les côtes immenses, le bois et le nœud du cou de celui dont je parle. Ces restes, appendus dans une chapelle du château de Blois, en imposent encore, et donnent une haute idée des œuvres de la nature.

Depuis quelque tems on voit au cirque de *Franconi* un cerf nommé *Coco*, qui fait l'admiration de tout Paris, par son adresse et son intelligence. Le destin de cet animal est étrange : né pour vivre dans les bois, il a déjà parcouru plus de provinces, plus de villes, que le roi d'Ithaque. Les hommes se sont fait un plaisir et un honneur d'aller chercher les cerfs dans les forêts, et de les détruire pour s'amuser : voici un cerf qui a quitté les forêts, et qui va dans les villes chercher les hommes pour servir à leur amusement par ses talens rares et extraordinaires. Dans une pièce intitulée *le Pont infernal* ou *le cerf intrépide*, j'ai vu *Coco* affronter avec le plus grand sang froid, un déluge de flammes dont la plus faible partie suffirait pour mettre en fuite les tigres et les lions.

Franconi n'est pas le premier qui ait donné de l'éducation à un cerf. M. Fréville rapporte dans son *Histoire des Chiens célèbres*, qu'il fut conduit par une parente chez un naturaliste qui était possesseur d'un cerf singulièrement instruit. «Le premier trait d'éducation par lequel cette bête fauve débuta, dit-il, fut de saluer respectueusement toute la compagnie; et, pour cet effet, il baissa profondément la tête, une seule fois devant les hommes et deux fois devant les dames. Tout ce que le chien le mieux dressé est dans le cas de faire, fut exécuté avec précision par l'hôte des forêts : il porta pendant quelques minutes, dans sa bouche, deux fallots attachés aux extrémités d'un bâton; on lui banda ensuite les yeux; il se mit à genoux; il resta dans cette attidude tant qu'on battit la générale, et lorsqu'il eut entendu le mot de *grâce*, il se releva promptement. Après cet exercice, on jeta un dez sur une table; l'animal intelligent frappa du pied autant de fois que le côté du dez fixé marquait de points. Ayant fini ses calculs sans se tromper, il fit partir un pistolet par le moyen d'un cordon qu'il tira avec ses dents. Nous passâmes ensuite dans le jardin ; le cerf mit le feu à un gros canon avec une longue mèche attachée à son pied droit ; et il entendit, sans nulle frayeur, l'explosion terrible de cette pièce d'artillerie. On lui tendit immédiatement après, un grand cerceau au bout d'une allée du jardin, et il y passa avec la plus grande agilité. En un mot, ce cerf merveilleux termina la séance en mangeant une poignée d'avoine sur un tambour qu'un domestique battit avec un vacarme effroyable. »

Les Cerfs d'Alexandre.

On a pris des cerfs qui avaient plus d'un siècle, et auxquels on a trouvé des colliers d'or dont Alexandre-le-Grand les avait décorés. Ces colliers s'étaient recouverts de la peau de ces animaux, qui depuis ce tems avaient pris plus de corsage et d'embonpoint.

Charles VI chassa, dans la forêt de Senlis , un cerf qui portait un collier sur lequel était écrit : *Cæsar hoc me donavit.* « César m'a fait ce don. » Buffon pense que ce cerf venait d'Allemagne, où les empereurs sont dans l'usage de prendre le nom de *César ;* car si le cerf eût tenu son collier de l'empereur romain, cela aurait supposé cet animal âgé de plus de mille ans , ce qui n'est pas croyable.

Cerf courageux.

La *Gazette de France* du 16 juillet 1764, rapporte qu'un vaisseau de la compagnie des Indes, ayant apporté deux tigres, le duc de Cumberland fit lâcher un de ces animaux dans la forêt de Windsor, où l'on avait formé une enceinte. Un cerf qu'on lui avait opposé usa si bien de son courage à le provoquer , et de son adresse à éviter de tomber sous sa griffe , qu'il le mit hors d'haleine, au point qu'il ne fut plus possible au tigre de répondre à ses attaques.

Le prince de Conti , père du dernier prince de ce nom, avait , dans son parc de l'Ile-Adam , un cerf apprivoisé. Quand il voulait amuser les dames de sa Cour, il faisait attaquer le cerf par un limier : cet animal, au lieu de fuir, venait se réfugier auprès de ces dames; il pleurait; il demandait grâce et l'obtenait.

Dans plusieurs pays de l'Allemagne, il existait une loi qui condamnait celui qui tuait un cerf, à être attaché sur un autre cerf, que l'on abandonnait avec lui dans les bois.

Le Chameau de Mahomet.

Bayle, dans son *Dictionnaire historique*, rapporte, d'après l'auteur de l'*Histoire du Monde*, qu'un chameau allant de la Mecque à Médine, porta Mahomet droit à la porte du logis de Jul, fameux capitaine turc que ce prophète s'était proposé de visiter, sans savoir l'endroit où était logé ce vaillant homme.

Les Mahométans prétendent que ce chameau ressuscitera, et qu'il jouira du bonheur du Paradis.

Les pélerins qui vont à la Mecque ont pour objet de visiter le *Kiabé* (maison céleste, selon eux, que les anges ont autrefois bâtie, et qui a été reconstruite par Abraham) et d'adorer le tombeau de Mahomet. Le dedans de la Kiabé est orné d'étoffes de soie blanche et rouge, et le dehors d'une étoffe de soie noire, bordée en haut et en bas de franges ou ceintures d'or qui font un bel effet. On renouvelle ces étoffes tous les ans. Le chameau qui les porte est considéré comme sanctifié; on le couvre de fleurs à son retour, et on ne l'emploie plus à aucun genre de travail. Le dais de brocard d'or qui couvre le tombeau est aussi renouvelé tous les ans, et le chameau qui l'apporte est, comme celui qui porte les présens destinés à la Kiabé, exempt de tout travail, et regardé comme un animal sacré.

Les Chameaux de Cyrus.

On lit dans Hérodote que Cyrus, redoutant la cavalerie des Lydiens, résolut, par le conseil d'Harpagus, grand seigneur mède, d'employer l'artifice. Comme le cheval craint le chameau de telle sorte qu'il ne peut seulement sentir son odeur, Cyrus mit en tête de son armée tous les chameaux qui portaient les vivres et les bagages ; il les fit monter par des cavaliers, et s'avança ainsi contre Crésus. L'effet répondit à son attente ; les chevaux des Lydiens prirent la fuite aussitôt qu'ils eurent vu et qu'ils eurent senti les chameaux, et l'armée de Crésus fut mise en déroute.

Le Chardonneret de Bâle.

Il y avait à Bâle un chardonneret connu par ses tours d'adresse et par sa sensibilité, qui s'attacha tellement à celui qui l'avait élevé, qu'il ne voulut jamais quitter son lit lorsqu'il vint à tomber malade. Cet homme étant mort, l'oiseau s'élança jusqu'à trois fois dans le cercueil, exprimant sa douleur par les accens les plus plaintifs jusqu'au moment où il expira lui-même. On fit une épitaphe au maître ainsi qu'à l'oiseau ; et il faut avouer qu'un animal aussi reconnaissant méritait d'y trouver place.

Le Chat de Mahomet.

M. Beaumgurten nous apprend que,

quand il était à Damas, il vit une espèce d'hôpital pour les chats; la maison dans laquelle on les renfermait était très spacieuse, fermée de murs, et entièrement remplie de ces animaux; sur la demande qu'il fit de l'origine de cette institution, on lui répondit que Mahomet, lorsqu'il demeurait dans cette ville, avait avec lui un chat qu'il y avait apporté, et qu'il nourrissait très soigneusement de ses propres mains. Burbec rapporte que ce législateur des Turcs étant un jour consulté sur quelque point important, il aima mieux couper le parement de sa manche sur lequel cet animal reposait, que de l'éveiller en se levant pour aller parler à ceux qui attendaient son audience. A Damas, les sectateurs de Mahomet ont toujours marqué depuis ce tems-là un respect superstitieux pour les chats, et ont pourvu à leur subsistance par des aumônes publiques.

Chats des Égyptiens.

Les Égyptiens avaient une si grande vénération pour les chats, que lors de la naissance de leurs enfans, ils avaient soin de faire une offrande pour l'entretien de ces animaux sacrés. Quand un chat mourait de mort naturelle, toutes les personnes de sa connaissance tombaient dans la consternation; elles portaient les marques de leur douleur, jusqu'à se raser les sourcils.

Si un Égyptien attentait à la vie d'un chat, il était à l'instant livré au bras séculier : le peuple s'en emparait, et on le déchirait avec fureur. Aussi, dès qu'un Égyptien apercevait un chat expiré, il s'en écartait tremblant et fondant en larmes; il allait annoncer cette catastrophe, protestant qu'il n'en était pas coupable; et toute la ville se remplissait de clameurs. Alors les magistrats venaient s'emparer du mort; ils l'embaumaient avec de l'huile odoriférante, du cèdre et plusieurs autres aromates propres à le conserver; et on le transportait à Bubaste pour y être inhumé dans une maison sacrée.

Moncrif fait mention d'une révolution considérable occasionée par un chat. L'Égypte, sous un des Ptolomées, fut le théâtre de cette grande aventure ; le nom romain y était alors également craint et honoré. Les Égyptiens accueillaient avec soumission tout ce qui venait d'Italie. Il arriva qu'un Romain fit quelque insulte à un chat : tout le peuple s'arma pour en tirer vengeance. Ni la présence des magistrats, ni les menaces de Ptolomée ne purent arrêter sa fureur : le coupable fut massacré. Ainsi la puissance romaine cessa d'en imposer, dès qu'elle eut pour rivale la cause d'un chat outragé.

Les Chats de Cambyse.

L'amour des chats, chez les Égyptiens, n'a jamais paru avec plus de force et de grandeur d'âme que dans la guerre qu'ils eurent à soutenir contre Cambyse, dans la quatrième année de son règne. Ils étaient alors gouvernés par Psamménite, qui venait de succéder à Amasis. L'ambitieux Cambyse ne pouvant s'ouvrir l'entrée de l'Égypte, qu'en se rendant maître de la ville de Péluse, qui paraissait imprenable, s'avisa d'un stratagême digne de sa haute politique. Sachant que la garnison de cette place était composée d'Égyptiens, il mit à la tête de ses troupes un grand nombre de chats; ses capitaines et ses soldats en portaient chacun un en forme de bouclier. Ce fut avec de tels guides que son armée s'empara de Péluse. Les Égyptiens, dans la crainte de confondre ces chats avec leurs ennemis, n'osèrent lancer aucun de leurs traits, et consentirent plutôt à recevoir un vainqueur.

Chats destructeurs de Serpens.

Le *Cap des Chattes* est un cap célèbre à la pointe de l'île de Chypre. On y voit les ruines d'un monastère dont les religieux entretenaient autrefois quantité de chats pour faire la guerre aux serpens qui désolaient la contrée ; et ces animaux étaient si bien disciplinés, qu'au son d'une certaine cloche ils se rendaient tous à l'abbaye aux heures du repas, et retournaient ensuite dans les campagnes, où ils continuaient leur chasse avec un zèle et une adresse admirables. Dans la conquête que les Turcs ont faite de cette île, les chats ont été détruits avec le monastère. Les opérations de la guerre entraînent toujours de grands désastres.

Chats d'Angleterre.

Les chats étaient tellement estimés autrefois en Angleterre, qu'on mettait la plus grande importance à leur conservation. Howel le bon, prince de Galles, mort en 948, rendit une loi qui fixait le prix d'un petit chat, avant qu'il eût les yeux ouverts, à deux pences, jusqu'au moment où l'on pouvait fournir la preuve qu'il avait pris une souris; après quoi il était payé quatre pences; somme considérable à cette époque où la valeur des espèces était très élevée. La loi exigeait pareillement que l'animal fût parfait dans le sens de l'ouie et de la vue, qu'il sût bien faire la chasse aux souris, qu'il eût les griffes entières; et si c'était une femelle, qu'elle fût bonne nourrice : s'il péchait par quelqu'une de ces qualités, le vendeur était condamné à la restitution d'un tiers de la somme reçue. Quand quelqu'un était surpris à voler ou à tuer un chat dans les greniers du prince, il payait, pour ce délit, une amende qui consistait en une brebis avec sa toison et son agneau, ou une quantité suffisante de froment pour couvrir le même chat suspendu par la queue, et dont la tête touchait à terre.

Le Chat de Whigtington.

Une des plus célèbres maisons de l'Angleterre doit à un chat ses richesses et son illustration. Richard Whigtington, dans sa grande jeunesse, dépourvu de tous les biens de la fortune, mais né avec d'excellentes inclinations, voulut aller dans l'Inde chercher une plus heureuse destinée. Il se présenta comme passager pour s'embarquer. On lui demanda avec quels secours il comptait vivre dans le trajet : il répondit qu'il n'avait pour toute richesse qu'un chat, et le désir de se signaler. On fut touché de cette franchise noble avec laquelle il exposait sa situation. On le reçut lui et son chat, et le vaisseau fit voile. Comme ils étaient dans les mers de l'Inde, une tempête les surprit et les fit échouer

sur une côte, où bientôt les naturels du
pays s'emparèrent de leur navire et de leurs
personnes. Le jeune Anglais, portant son
chat entre ses bras, fut conduit, comme
les autres, devant le roi de ces peuples; et,
tandis qu'ils étaient à son audience, ils
aperçurent un nombre immense de souris
et de rats qui parcouraient le palais et s'at-
troupaient jusque sur le trône du monarque, qui en paraissait très ennuyé. Whigtington reconnaît la voix de la fortune qui
l'appelle; il ne fait que laisser aller son
chat, et voilà des légions de souris et de
rats étranglés, et le reste mis en fuite. Le
roi, charmé de l'espoir d'être bientôt délivré du fléau qui désolait ses états, entra
dans des transports de reconnaissance qu'il
ne savait comment exprimer assez vivement. Il embrassait tantôt ce chat libéra-
teur, et tantôt le jeune Anglais; et pour
accorder à l'un et à l'autre de dignes marques de sa reconnaissance, il déclara
Whigtington son favori, et donna à son
excellent chat le titre de généralissime de
ses armées, n'ayant eu jusque-là d'ennemis à combattre que cette immensité de

souris et de rats qui l'assiégeaient sans cesse.

Whigtington, soutenu par la considération que lui donnait son chat, gouverna plusieurs années cet empire. Enfin, gagné par l'amour de sa patrie, il obtint la liberté d'y retourner. Le monarque, en échange du général chat qui lui fut laissé, lui donna un navire chargé de richesses. A peine le jeune Anglais fut-il de retour en Angleterre, qu'il y fut élevé à la dignité de maire de Londres (*). Dans ce nouveau rang, pour donner des témoignages publics de la reconnaissance qu'il devait aux chats, il en prit le nom, et il fut appelé *Milord Cat*. Ses descendans ont succédé aux honneurs de cette dénomination ; ses images sont encore répandues en plusieurs endroits de Londres : on le voit pompeusement représenté dans les enseignes, portant en triomphe, sur l'épaule, ce chat auquel il fut redevable de son bonheur et de sa gloire.

(*) C'est lui qui a fait construire l'édifice où se tient la bourse.

Le Chat de la maréchale de Luxembourg.

Madame la maréchale de Luxembourg, morte à Paris depuis quelques années, avait un chat qui l'accompagnait chaque jour à la promenade, malgré la neige et la pluie, soit aux Tuileries, soit au jardin du Luxembourg, où cette dame avait coutume de se rendre tous les matins, quelque tems qu'il fît. C'était sans doute un sacrifice très grand pour un chat, et qui prouve tout l'attachement de celui-ci pour sa maîtresse. Tant qu'elle se promenait, l'animal marchait tranquillement à ses côtés: s'asseyait-elle; le chat s'asseyait aussi à sa manière; et rien n'était plaisant comme de le voir accueillir à coups de griffes, les chiens trop curieux qui s'approchaient pour faire connaissance avec un tel camarade, qu'ils étaient tout étonnés de rencontrer dans ces promenades.

Madame Deshoulières avait aussi un chat qu'elle affectionnait beaucoup. Dans une lettre à son mari, elle n'hésite point à lui déclarer que, malgré son absence,

c'est son attachement pour *Grisette*, son
admirable chatte, qui l'occupe toute entière.

Le Chat de M. Des Fontaines.

Au Jardin des Plantes, un vieux chat
de grande taille, qui sans doute avait perdu son maître, conduit par la misère au
brigandage, n'y trouvait qu'une ressource
insuffisante. A peine restait-il dans ses
pattes desséchées de quoi cacher ses griffes;
son œil était large et hagard, sa maigreur
affreuse, son aspect hideux; c'était près
de la cuisine de M. Des Fontaines qu'il
avait établi son embuscade ordinaire. A la
moindre négligence, il entrait avec l'audace du désespoir, saisissait la première
proie, était loin en trois sauts : on le poursuivait avec des balais, *au chat! au chat!*
au vieux chat! au vilain chat! On n'attendait plus ses attaques; d'aussi loin qu'il
paraissait, on courait à lui ; et de son côté, dès qu'il voyait quelqu'un, il fuyait.
La garde était si bonne, et sa frayeur si
grande, qu'il ne pouvait plus rien attraper : il mourait de faim.

Un jour, M. Des Fontaines, à sa fenêtre et seul dans sa maison, vit le malheureux chat chancelant, se traînant sur le
mur voisin, prêt à tomber en faiblesse.
Qui ne connaît pas la bonté du cœur de
M. Des Fontaines! il en eut pitié, fut
chercher trois morceaux de viande, et les
lui jeta successivement. Le chat happe le
premier morceau, fuit, voit que cette fois
on ne le poursuit pas, revient un peu plus
près, prend le second morceau et se sauve
encore; à la troisième fois, il se rapproche
davantage, et la viande prise, il s'arrête
un peu pour regarder son bienfaiteur.
Une demi-heure après, il était entré par
la fenêtre dans la chambre de M. Des Fontaines, et paisiblement couché sur le lit,
il s'était probablement dit : « Celui-là n'est
pas impitoyable. » Il avait eu occasion
d'observer dans ses campagnes et ses expéditions précédentes, que celui-là était
le maître des autres ; et son âme, judicieu-
sement reconnaissante, ajoutait : « Mes
malheurs sont finis, j'ai un protecteur. »

Le Général à figure de Chat.

Kondemire, dans sa *Bibliothèque orientale*, rapporte que Hormus, roi de Perse, apprit qu'une armée de trois cent mille hommes commandée par le prince Schabé-Schah son parent, faisait une invasion dans son empire : il assembla ses ministres, et tandis qu'il délibérait sur une conjoncture si pressante, un vieillard vénérable se présenta et annonça au roi qu'il remporterait une victoire complète sur ses ennemis, s'il avait le bonheur de trouver un de ses sujets qui eût la physionomie d'un chat sauvage, pour lui confier le commandement de ses troupes. Le roi fit chercher cet homme, et on le reconnut bientôt dans la personne de Baharam surnommé Kounin. Il était de la race des princes de Rei, et gouvernait alors la province d'Adherbigan ou Médie. Hormus le pressa de prendre le commandement de son armée, et resta surpris merveilleusement, lorsque Baharam ne choisit que douze mille hommes pour combattre les trois cent mille rebelles. Cette troupe, animée par le pré-

sage admirable dont leur était la physionomie de leur général, vainquit l'armée
ennemie : Baharam tua de sa main le
prince Schabé-Schah, et fit prisonnier
son fils. Ainsi les chats, comme l'on voit,
ne sont point étrangers à la victoire la plus
digne d'illustrer la Perse.

Le Chat des Chartreux.

On a vu chez les Chartreux de Paris
un gros chat angora qui fit un trait fort
singulier pour satisfaire sa gourmandise.
Un jour, le cuisinier ayant tout disposé
pour le dîner des religieux, il s'aperçut
qu'il lui manquait une portion de carpe
frite. On avait sonné à la porte, il avait
été ouvrir; il attribua son mécompte à
une distraction et se hâta de compléter
son dîner. Pendant trois jours de suite,
lorsque le repas était préparé, que les
parts étaient servies sur les assiettes, la
sonnette se faisait entendre; le cuisinier
allait ouvrir, regardait de tous côtés.....
Personne. Revenant vîte à sa besogne, il
trouvait toujours une portion de moins.

Que penser de cette soustraction subite ?
Il n'y a pourtant que moi dans la cuisine,
s'écriait-il, avec dépit ! Le jour d'après,
ayant tout disposé selon sa coutume, le
frère cuisinier entend le carillon de la sonnette ; alors, au lieu de courir à la porte
de sa cuisine, il se cache, et voit aussitôt
le chat du couvent grimper sur une fenêtre, jeter un coup-d'œil rapide dans la cuisine, et, n'apercevant personne, s'élancer
sur la table, saisir un superbe merlan, et
s'enfuir, par le même chemin, avec sa
proie. Voilà donc mon voleur découvert,
s'écria le disciple de Saint-Bruno ! Il ne s'a-
gissait plus que de connaître quel était le
sonneur. Le cuisinier, devenu malin à son
tour, se mit en embuscade le lendemain à
une croisée voisine. Lorsque dix heures
sonnèrent, (c'était l'heure régulière où
l'on distribuait les portions) il aperçut le
chat qui était droit sur un billot placé
sous la sonnette : se pendre par les pattes
à la corde, sonner fortement, grimper ensuite sur la fenêtre de la cuisine, sauter sur
la table et saisir le poisson friand, ce fut
l'ouvrage d'une minute.

Un tour si plaisant fut bientôt su et observé des moines, qui s'en amusèrent beaucoup ; ils décidèrent même que, pour ôter au fripon toute tentation de voler, il aurait dorénavant sa portion comme eux, et qu'il serait traité comme un confrère.

Le Chat de Bartholin.

Christophe Bartholin, professeur en droit de la faculté de Paris, avait un cœur froid et égoïste qui le rendait incapable de former aucun attachement. Mais il changea tout-à-coup, et on le vit donner des preuves d'une extrême sensibilité. Qui parvint à attendrir cette âme si long-tems indifférente et comme endurcie, faute d'avoir exercé des facultés si précieuses ? Le croirait-on ? Ce fut un chat. Voici par quelle aventure.

Un soir que le professeur se retirait chez lui, la tête baissée, et méditant profondément un point de jurisprudence, un inconnu l'aborda, en fondant en larmes, et prononçant tout bas des paroles entrecoupées qu'il paraissait n'avoir pas la force

de mieux articuler. « Que le ciel vous as-
siste! (dit brusquement Bartholin , persuadé qu'on venait recourir à sa charité).
— Hélas ! mon cher Monsieur, s'écria dou-
loureusement l'inconnu , sauvez la vie à un
pauvre malheureux qui se meurt d'inanition, et que la misère du tems m'empê-
che de nourrir. Je jure que , si vous refu-
sez de vous en charger, je vais de ce pas,
quelque peine que me fasse un tel sacrifice, je vais le jeter dans la rivière. — O
ciel ! reprit Bartholin , saisi d'horreur, aurais-tu bien l'inhumanité d'ôter la vie à une
innocente créature? » A ces mots il allait s'é-
loigner brusquement de celui qu'il regardait comme un infanticide : il lui semblait
même entendre les cris du malheureux
poupon ; mais l'inconnu l'arrêtant par le
bras, lui dit : «Vous vous trompez : tenez,
voici le pauvre orphelin que je recom-
mande à votre bienfaisance. » Alors il mit la
main sous la basque de son habit, et se dis-
posa à tirer quelque chose d'un panier.
Bartholin frémit , bien persuadé qu'il allait
en voir sortir un enfant dont on le forcerait
de se charger ; mais quelle fut sa surprise,

de ne voir paraître qu'un gros chat angora qu'on lui remit entre les mains, en le conjurant d'avoir pitié des malheureux. La sympathie agit sans doute : le professeur en droit se sentit attendrir pour la première fois de sa vie ; il se chargea du pauvre animal ; et celui qui venait de s'en débarrasser, ne s'éloigna qu'après avoir comblé de bénédictions le protecteur de son chat.

Bartholin fut à peine devenu possesseur de l'angora, qu'il lui trouva une physionomie intéressante, et conçut pour lui la plus tendre amitié. Il voulut qu'il mangeât à table, à côté de lui ; et ne faisait que rire des libertés qu'il lui voyait prendre. Ses espiégleries, ses malices continuelles amusaient extrêmement notre grave pédadogue, dont le front se dérida enfin, à la grande surprise de ceux qui l'avaient vu sourcilleux pendant plus de quarante ans.

Le bonheur du maître en droit fut détruit pour jamais lorsqu'il s'y attendait le moins. Par économie, il crut devoir louer une partie de l'appartement qu'il occupait à un négociant nommé Potier. Celui-ci se fiant à la parole de Bartholin, qui lui avait promis de passer un bail, fit des dépenses considérables pour embellir sa nouvelle demeure; il regardait d'autant moins à l'argent, qu'il croyait s'être logé pour plusieurs années. Mais que les hommes seraient heureux, s'ils pouvaient lire dans l'avenir! Un jour que M. Potier faisait arranger des pièces de vin dans sa cave, il trouva, entre deux tonneaux, un chat mort qu'il reconnut pour l'angora chéri de Bartholin. Selon toute apparence, le pauvre animal se sentant attaqué d'une maladie mortelle, s'était traîné dans cette cave et y avait terminé ses jours. A peine le professeur apprit-il cette triste nouvelle, qu'il accusa son locataire d'avoir tué son chat, et lui intenta un procès criminel, après lui avoir fait signifier congé. Les avocats des deux parties eurent l'art d'embrouiller l'affaire; mais, malgré l'éloquence du défenseur qu'employa le négociant, il perdit sa cause, et fut obligé de transporter ailleurs ses dieux pénates. Le triomphant Bartholin, voulant donner une dernière preuve de tendresse pour son chat, lui fit ériger, dans son jardin, un tombeau de marbre, avec une épitaphe gravée en lettres d'or.

Chattes bonnes mères.

M. Moreau de Saint-Méry avait une chatte nommée *Farfadette*, souvent mère et toujours inutilement, parce qu'on ne lui laissait point élever sa famille. Cependant, pour ne pas trop l'affliger et donner quelque écoulement à son lait, on ne lui ôtait qu'un petit chaque jour. Pendant cinq jours elle avait subi ce malheur : le sixième, avant qu'on eût visité son panier, elle prend le dernier enfant qui lui restait, le porte au cabinet de son maître, et le lui dépose sur les genoux. M. Moreau de Saint-Méry, touché de cette sollicitude maternelle, ordonna de cesser la destruction; le nourrisson fut sauvé. Mais craignant qu'on oubliât qu'on devait le respecter, la mère le rapportait tous les jours, et n'avait point de tranquillité que le maître n'eût fait au petit chat quelque caresse et n'eût renouvé l'ordre d'en prendre soin.

« J'avais deux chattes, raconte M. Dupont de Nemours, l'une mère de l'autre ; toutes deux en gésine. La mère avait mis bas le jour précédent. On ne lui avait ôté aucun de ses petits : je prononce peu de sentences de mort. La jeune, étant à sa première portée, eut un accouchement très pénible. Elle perdit la connaissance et le mouvement à son dernier petit, non encore dégagé du cordon ombilical. La mère tournait et retournait autour d'elle, essayant de la soulever, lui prodiguant tous les mots de tendresse qui chez les chattes sont très multipliés des mères aux enfans.

« Voyant à la fin que les soins qu'elle prenait pour sa fille étaient superflus, elle s'occupe en digne grand'mère, des petits qui rampaient sur le parquet comme de pauvres orphelins. Elle coupe le cordon ombilical de celui qui n'était pas libre, le nétoie, les lèche tous et les porte l'un après l'autre au lit de ses propres enfans, pour leur partager son lait.

« Une bonne heure après, la jeune chatte reprit ses sens, chercha ses petits, les

trouva tétant sa mère. La joie fut extrême
des deux parts, les expressions d'amitié et
de reconnaissance sans nombre et singulièrement touchantes. Les deux mères s'é-
tablirent dans le même panier; tant que
dura l'éducation, elles ne le quittèrent jamais que l'une après l'autre, nourrirent,
caressèrent, guidèrent ensuite indistincte-
ment les sept petits chats, dont trois étaien
à la fille et quatre à la grand'mère. »

Le Chat du Léthargique.

Un abbé fut redevable de la vie à la tendresse qu'il avait pour son chat. Cet abbé
tomba malade, eut un accès de léthargie:
on le crut mort, et l'on fit tous les tristes
apprêts qu'exige le dernier voyage des défunts. Tandis qu'on le mettait dans la
bière, ceux qui étaient chargés de ce soin,
voyant qu'un chat qu'il avait beaucoup
aimé tournait autour de l'étui funéraire,
en miaulant de toute sa force, ils le prirent, et furent assez méchans pour l'enfermer avec son maître, sans en rien dire à
personne. Pendant le convoi, lorsqu'on

portait le corps pour l'aller mettre en
terre, le prétendu mort fut tiré de sa léthargie par la chaleur que lui communi-
quait le chat, placé directement sur son
estomac. Entendant chanter les prières
pour les morts, et se sentant garotté, il se
douta de la cruelle position où il se trouvait. Dans cette affreuse détresse, il parvint à dégager ses mains, et pinça fortement ce qu'il y avait de pesant sur sa poitrine. Le chat se mit à miauler si épou-
vantablement, qu'il fut entendu de tous
ceux qui assistaient à la lugubre cérémonie. Peu s'en fallut que tout le monde ne
prît la fuite : cela n'aurait pas manqué
d'arriver dans un siècle moins éclairé, où
l'on attribuait au diable tous les événemens extraordinaires. Le convoi s'arrêta,
et les plus hardis ouvrirent en tremblant
le cercueil, d'où le chat s'élança aussitôt,
suivi l'instant d'après de son maître qui
traînait le drap dont on l'avait enveloppé,
et qui se mit à courir vers sa maison, sans
regarder derrière soi, comme s'il eût craint
d'être replongé dans l'étui funèbre dont

une espèce de miracle venait de le faire sortir.

Le Chat industrieux.

Il est d'usage, dans les pensions, d'avertir de l'heure des repas par le son d'une cloche. Le chat de la maison, qui ne trouvait son dîner au réfectoire que quand il avait entendu ce son, ne manquait pas d'y être attentif. Il arriva un jour qu'on l'avait enfermé dans une chambre, et ce fut inutilement pour lui que la cloche sonna. Quelques heures après, ayant été délivré de sa prison, son appétit le fit descendre tout de suite au réfectoire; mais il n'y trouva rien. Au milieu de la journée, on entend sonner; chacun veut savoir ce que c'est: on trouve le chat qui était pendu à la cloche, et qui la remuait de toutes ses forces pour faire venir un second dîner.

Le Chat et ses compagnons.

Vigneul de Marville rapporte, dans ses *Mélanges*, qu'une pauvre femme avait élevé ensemble un chat, une souris, un

chien et un moineau : c'était là toute sa société. On sait que le chat, ennemi né des
souris leur fait une rude chasse, et les
croque sans pitié : le chien ne peut guère
souffrir le chat, et le moineau devient
presque toujours la proie de ce dernier.
Cependant ces animaux, d'un instinct,
d'une forme et d'un caractère si différens,
vivaient dans la même chambre et s'accor-
daient tous quatre on ne peut mieux. Le
chat peignait le chien, et lorsqu'il lui tendait la patte, il avait grand soin de retirer
ses griffes, de peur de lui faire du mal ; le
chien, toujours d'accord, jouait avec le
chat, et lui cherchait ses puces. Quant
au moineau, volant tantôt sur le dos de
l'un, tantôt sur la tête de l'autre, il y
chantait paisiblement ou les agaçait à coups
de bec. De son côté, la souris, trottant
sous les chaises, courait pour s'amuser
avec le petit moineau ; ne se doutant guère
que Rominagrobis fût le fléau de sa race,
quand celui-ci mangeait, elle se plantait
sans façon au milieu de l'écuelle, et se
mettait à gruger les miettes.

C'est ainsi que ces quatre commensaux,

si peu faits l'un pour l'autre, vivaient dans le même endroit, avec la bonne femme qui avait soin d'eux, et sur laquelle ils montaient souvent pour lui faire des caresses; c'est ainsi qu'ils jouaient, qu'ils mangeaient et qu'ils dormaient, le chien près du chat, le chat près du moineau et la souris entre les pattes des deux premiers compagnons.

Chats musiciens.

Jean Cristoval Calvette, auteur de la relation du voyage que Philippe II, roi d'Espagne, fit de Madrid à Bruxelles pour aller voir son père Charles-Quint, décrit une procession qui se fit à Bruxelles en 1545.

Après avoir fait mention de différentes choses bizarres qui composaient cette procession, Calvette dit qu'on voyait un chariot chargé d'une musique la plus sonore et la plus mélodieuse qu'on eût jamais entendue. C'était un ours assis qui touchait un orgue, non pas composé de tuyaux, comme les autres, mais d'une vingtaine de chats enfermés séparément dans des caisses étroites, où ils ne pouvaient se re-muer : leurs queues sortaient en haut par des trous faits exprès, et étaient liées à des cordes attachées au registre de l'orgue. À mesure que l'ours pressait les touches, il faisait *lever* ces cordes et tirait les queues des chats pour les faire miauler, ce qui formait le ton de basses, de tailles et de dessus (selon la nature des airs que l'on voulait chanter) avec tant de proportion, que cette musique de chats ne faisait point un faux ton.

Après avoir entendu le concert des chats, l'empereur Charles-Quint, le roi Philippe son fils et les reines virent pas-ser la procession, des fenêtres et des bal-cons de l'hôtel-de-ville.

À la foire Saint-Germain, il y avait, entre autres singularités, un concert exé-cuté par des chats. Ces animaux, habil-lés uniformément, étaient postés dans des stalles, avec un papier de musique devant eux, et au milieu était un singe qui battait la mesure : à ce signal réglé, les chats faisaient des cris ou miaulemens

dont la diversité formait un son tout-à-
fait risible. Cette musique discordante
était accompagnée par quelques violons.
Beaucoup de personnes, et des plus graves, allaient se dérider pendant quelques
momens à ce spectacle singulier.

Testamens en faveur des Chats.

Bayle, à l'occasion de la reconnaissance
qu'on doit aux animaux des services qu'ils
nous rendent, rappelle le testament d'une
demoiselle Dupuy, témoignage bien sensible des obligations qu'elle croyait avoir
à son chat. Mademoiselle Dupuy avait le
talent de pincer de la harpe à un degré
surprenant, et c'était à son chat qu'elle
devait l'excellence où elle était parvenue.
Il l'écoutait attentivement chaque fois
qu'elle s'exerçait sur sa harpe, et elle avait
remarqué en lui des degrés d'intérêt et
d'attendrissement, à mesure que ce qu'elle
exécutait avait plus ou moins de précision et d'harmonie. Elle s'était formé, par
cette étude, un goût qui lui avait acquis
une réputation universelle. A sa mort,
elle voulut donner à son chat une marque

convenable de sa reconnaissance ; elle fit un testament en sa faveur ; elle lui légua une habitation très agréable à la ville et une à la campagne ; elle y joignit un revenu plus que suffisant pour satisfaire à ses besoins et à ses goûts ; et afin que ce bien-être lui fût fidèlement procuré, elle légua en même tems à plusieurs personnes de mérite des pensions considérables, à condition qu'elles veilleraient sur les revenus de cet aimable légataire, et qu'elles iraient une quantité de fois marquées par semaine lui tenir compagnie. Ce testament fut attaqué. Les plus fameux avocats se partagèrent, et écrivirent. J'ai fait inutilement, jusques à présent, les recherches les plus exactes pour trouver les *factum* qui furent faits sur cette importante affaire. Il se perd comme cela tous les jours des ouvrages aussi curieux qu'intéressans, dont il est bien fâcheux que le public se trouve privé.

Grosley, associé de l'Académie des Inscriptions et Belles-Lettres, mort à Troyes en Champagne, assura le sort de ses bêtes par cet article qu'il mit dans son testament :

« Je lègue à la personne qui se chargera des deux chats, mes commensaux, tant et si long-tems qu'ils vivront, et jusqu'à la mort du dernier, vingt-quatre livres chaque année. »

Chauves-Souris des Caraïbes.

Les chauves-souris des îles Caraïbes sont redoutables. On dit qu'elles choisissent, entre cent, un homme qu'elles ont mordu une fois, pour le mordre encore au même endroit : aussi les Caraïbes les craignent fort et les honorent singulièrement. Quoiqu'ils les redoutent, ils les considèrent comme de bons anges qui veillent sur leurs cabanes pendant la nuit. Ceux qui les tuent sont réputés sacriléges parmi eux (*).

L'usage de ce pays est que le chien du Caraïbe suive son maître dans la tombe.

____

(*) On lit dans le voyage de Mindana, que les Insulaires des Larrons rendent un culte au caïman, au tiburon et au caëlla, qu'ils n'osent attaquer, et qu'ils leur paient une dîme des fruits de la terre.

Chevaux instruits.

Bellérophon apprit aux hommes à monter sur des chevaux, et Pélétronius à les harnacher : les Phrygiens furent les premiers qui attelèrent deux chevaux à un char, et Hérictonius sut y en atteler quatre. Ce fut la reine Anne, épouse de Richard II, roi d'Angleterre, qui introduisit la manière de monter à cheval adoptée aujourd'hui généralement par le beau sexe. Les femmes montaient précédemment comme les hommes.

Athénée fait mention de chevaux sybarites qui, pendant un festin, dansaient au son des instrumens. On lit dans Pline, que, selon plusieurs historiens, la cavalerie entière de l'armée des Sybarites se mouvait en mesure, et exécutait une sorte de danse au son des instrumens. Cette invention leur devint funeste ; car les Crotoniates, qui leur faisaient la guerre, ayant appris tous les airs sur lesquels ils dressaient leurs chevaux, les jouèrent au moment du combat ; alors ces animaux, au lieu d'exécuter les manœuvres des cavaliers sybarites, se mirent à danser, et furent cause de la défaite de leurs maîtres.

Pluvinel, un des écuyers de Louis XIII, fit exécuter un ballet de chevaux dans le fameux carousel que ce prince donna. Les chevaux de Franconi nous rendent tous ces prodiges croyables. On ne sait lequel on doit le plus admirer ou du talent du maître qui a su dresser à ce point ces superbes coursiers ou de l'intelligence de ces animaux, auxquels il ne manque réellement que la parole. Non seulement nous les voyons danser le menuet, la gavote et des contredanses, mais même jouer la comédie dans des scènes telles que celles du *Tailleur*, de la *Chasse*, etc. Les cirques des Romains n'étaient certainement pas aussi curieux que celui de Franconi, et on ne vit jamais des écuyers plus habiles, plus expérimentés, des chevaux plus intelligens, plus dociles. La haquenée blanche que la ville de Naples fit présenter au Pape pendant plusieurs années, était dressée avec tant d'art qu'elle se mettait à genoux en arrivant auprès du Saint-

Père, et semblait lui demander sa bénédiction.

On fit présent à Trajan d'un cheval rare par la beauté de ses formes et par sa couleur, il était si bien dressé, qu'en arrivant devant cet empereur, il mit avec grâce les genoux à terre, et inclina profondément la tête, comme pour le saluer.

L'an 724, le rebelle Ngan-lo-Chan pilla le palais du souverain de la Chine ; il trouva dans les écuries cent chevaux dressés à danser devant l'empereur. Ngan-lo-Chan voulut qu'ils montrassent devant lui leur habileté ; mais ces animaux, par un instinct sans doute bien admirable, ne le reconnurent point pour maître, refusèrent de danser à ses yeux, et préférèrent se laisser tous tuer.

La Mule laborieuse.

Plutarque, dans la Vie de Caton le censeur, parle d'une mule qui mourut à quatre-vingts ans. Lors de la construction du temple de Minerve, on lui rendit sa liberté, et on la laissait paître où elle voulait. Mais cet animal regrettant en quelque sorte d'être inutile , venait de lui-même se présenter au travail , et marchait à la tête des autres bêtes de somme , comme pour les exciter et les encourager; ce que le peuple vit avec tant de plaisir , qu'il ordonna que la mule serait nourrie jusqu'à sa mort aux dépens du public.

M. Grognier , professeur à l'école vétérinaire de Lyon , dans une notice sur Bourgelot , publiée en 1805 , dit que Ferdinand Ier avait dans ses écuries un cheval septuagénaire.

Bijou.

Le directeur des postes de Fontainebleau avait un cheval nommé *Bijou*, qui, les lundi et samedi avait à faire un travail beaucoup plus fort que les autres jours de la semaine. Pour lui donner du courage , on le régalait extraordinairement ces deux jours-là d'un picotin d'avoine. Cette ration lui était fournie dès le matin lorsqu'il revenait de boire. (On le menait régulièrement à l'abreuvoir tous les jours). Le lundi et le samedi , en rentrant , il se mettait à hennir jusqu'à ce qu'il eût été servi. Quel-

quefois le fils de la maison l'attrapait en
allant avec le picotin vide à la main jusque
dans l'écurie; alors *Bijou* suivait croyant
trouver sa portion, mais il sortait aussitôt
en hennissant de plus belle jusqu'à ce qu'on
lui eût apporté le régal extraordinaire. Les
autres jours de la semaine, en revenant de
boire, il rentrait tranquillement sans rien
dire. Il ne se méprenait jamais sur le lundi
et le samedi. Ce qui prouve qu'il savait cal-
culer le nombre des jours.

Le Cheval de Darius.

Darius, fils d'Hystaspe, dut à son cheval la couronne de Perse. Comme les
grands de cet empire avait décidé entre
eux qu'ils prendraient les dieux pour juges
de leurs prétentions respectives, ils con-
vinrent que le lendemain ils se trouveraient
à cheval, au lever du soleil, dans un certain endroit du faubourg de la ville, et
que celui-là serait roi dont le cheval hen-
nirait le premier; car le soleil étant la
grande divinité des Perses : ils pensèrent
que de prendre cette voie ce serait lui dé-
férer l'honneur de l'élection. Ebarès, écuyer

de Darius, ayant appris ce dont ils étaient
convenus, s'avisa d'un artifice pour assurer la couronne à ce prince. Il attacha la
nuit précédente une cavale dans l'endroit
où ils devaient se rendre le lendemain matin, et y amena le cheval de son maître.
Les seigneurs s'étant trouvés le lendemain
au rendez-vous, le cheval de Darius ne fut
pas plutôt dans l'endroit où il avait senti la
cavale, qu'il hennit ; sur quoi Darius fut sa-
lué roi par tous les seigneurs, et placé
sur le trône.

Le Cheval de Jules-César.

Jules-César avait un fort beau cheval,
dont les pieds étaient presque semblables
à ceux d'un homme, et la corne de chaque pied fendue à la façon des doigts
humains. Il le faisait nourrir fort soigneusement, comme étant né chez lui,
et en outre parce que les aruspices avaient
dit qu'il présageait à son maître l'empire
du monde. Ce cheval ne se laissait monter par aucun autre que par César, qui
lui fit élever un monument devant le
temple de Vénus-Génitrice. On lit dans

Suétone, que peu de jours avant qu'il fût tué au milieu du sénat, il s'aperçut que les chevaux qui avaient traversé avec lui le Rubicon ne voulaient point paître, mais pleuraient à grosses larmes.

La Cavale de Théophilacte.

M. Sablier, dans ses *Variétés sérieuses et amusantes*, rapporte que Théophilacte, fils de l'empereur romain, et patriarche de Constantinople, aimait si fort les chevaux, qu'il les nourrissait de noisettes, de pistaches, de dattes, de raisins secs et de figues trempées dans d'excellent vin. Un jour de jeudi-saint, comme il célébrait la messe, celui qui avait le soin de son écurie, vint lui apporter la nouvelle qu'une de ses cavales venait de mettre bas ; il acheva la lithurgie le plus vite qu'il put, alla tout courant à l'écurie voir le nouveau-né, et retourna à l'église achever le reste de l'office.

Chevaux amateurs de musique.

M. Bonnet, dans son *Histoire de la Mu-*

sique, dit : « Étant en Hollande en 1688, j'allai voir la maison de plaisance de milord Portland ; je fus surpris de voir une belle tribune dans sa grande écurie : je crus d'abord que c'était pour coucher les palfreniers ; mais l'écuyer me dit que c'était pour donner des concerts aux chevaux une fois la semaine, plaisir auquel ils paraissaient être fort sensibles. »

Plutarque dit que les jumens de la Grèce aimaient fort les chansons ; qu'on en avait fait une exprès pour elles, et qui portait leur nom. C'était, *dit cet historien*, une sorte d'épithalame. Il est bon d'aimer les animaux, et surtout un animal aussi utile que le cheval ; mais c'était pousser un peu loin le sentiment à leur égard. Je crois qu'aujourd'hui il est peu de chevaux ou de jumens qui ne se montrent plus sensibles à un picotin d'avoine plutôt qu'à la plus belle chanson, fût-elle de Béranger.

Le Cheval de Caligula.

Caligula aimait passionément son cheval, nommé *Incitatus*. Il lui avait fait construire une écurie de marbre et une auge d'ivoire. Il n'était servi que dans des vases d'or. Il lui donna des couvertures de pourpre et un collier de perles. Son attachement ne faisant qu'accroître de plus en plus, Suétone dit qu'il assigna à ce cheval un superbe palais, meublé richement, et lui attacha une foule d'esclaves et d'officiers, afin que ceux qui seraient invités en son nom fussent reçus avec magnificence. Cet heureux coursier mangeait souvent à la table du maître de l'univers. L'empereur lui-même lui servait de l'orge doré, et lui présentait du vin dans une coupe d'or, où il avait bu le premier. Il le nomma pontife conjointement avec lui; et il avait dessein de le faire consul, projet qu'il eût exécuté, sans la conspiration qui lui coûta la vie.

L'empereur Vérus affectionna aussi follement un cheval qu'il nommait l'*oiseau*, et qu'il nourrissait de raisins secs et de pistaches.

L'empereur Adrien fit élever un superbe tombeau à *Boristène*, son cheval de chasse.

Xiphilin assure que Néron gratifiait ordinairement ses chevaux victorieux, quand ils devenaient âgés, d'une robe de palais semblable à celles que portaient les plus considérables d'entre les Romains. Paul Jove dit que Sélim s'étant sauvé, dans une déroute, sur son cheval nommé *Carabule*, il voulut, en récompense, qu'il vécût en pleine liberté; et, à sa mort, il lui fit élever un tombeau dans la ville du Caire.

Bucéphale.

Bucéphale fut appelé de ce nom, parce qu'il était marqué d'une tête de bœuf à l'épaule. La Thessalie était alors en réputation pour sa cavalerie; et il y avait en plusieurs endroits des haras où l'on nourrissait de fort bons chevaux; mais il n'y en avait point qui fût plus estimé que *Bucéphale* pour la force et pour la beauté: aussi Philonicus de Pharsale le jugeant digne d'un grand prince, l'amena à Philippe, roi de Macédoine, et voulut le vendre seize talens. On vint dans une plaine pour l'essayer; il n'y eut personne, ni des écuyers, ni de la suite du roi, qui pût venir à bout de le monter; il les renversait

tous à terre; de sorte que l'on commen-
çait déjà à le mépriser comme un cheval
indomptable et inutile, lorsqu'Alexandre
se présenta; saisissant la bride du cheval,
il prit son tems si adroitement, qu'il s'é-
lança sur lui, bien qu'il fût alors en furie.
Bucéphale commence à ruer et à secouer la
tête; il résiste contre le frein, il fait des efforts pour échapper. Alexandre lui lâchant
la bride, et le poussant encore avec l'éperon, le laissa courir à son aise; et quand
il fut las de courir et qu'il voulut s'arrêter, il le contraignit d'aller plus loin, et
ne cessa point de le pousser qu'il ne l'eût
mis hors d'haleine; l'ayant ainsi dompté,
il le ramena plus adouci et en état de rendre service. Philippe, pleurant de joie,
embrassa Alexandre, et lui dit que la
Macédoine était trop petite pour un si
grand courage. Depuis, *Bucéphale*, con-
servant pour tous les autres la même fier-
té, ne se soumit qu'au seul Alexandre.
On vante les services qu'il rendit à son
maître dans plusieurs combats, et particulièrement au siége de Thèbes, où,
quoique blessé, il ne voulut point souffrir

qu'Alexandre montât un autre cheval. Enfin après l'avoir aidé à remporter beaucoup de victoires, et à le faire sortir d'une
infinité de dangers, il fut tué dans une bataille qui fut donnée contre Porus. Alexandre poursuivait alors son ennemi; son
superbe coursier, tout percé de coups,
n'ayant plus la force de se soutenir, se
coucha doucement sous lui, comme s'il
eût eu peur de blesser un si vaillant maître, et il expira. Le roi, pour récompen-
ser ses nombreux services, lui fit rendre
les honneurs funèbres, et construisit autour de sa tombe une ville qu'il nomma
Bucéphalie.

Les Chevaux du Cirque romain.

Suétone rapporte que sous l'empire de
Claude, dans celui des jeux séculaires qui
fut célébré au cirque, Corax, cocher de
la faction blanche, ayant été renversé de
son siége en sortant de la barrière, ses chevaux saisirent l'avantage du poste, ou plutôt le conquirent, en coupant de droite
et de gauche les chars les plus à portée de
les atteindre; renversant tous ceux qui

prenaient le pas sur eux, et faisant, par une émulation spontanée, tout ce qu'on aurait pu attendre d'eux sous la conduite du guide le plus expérimenté : enfin, la course remplie, ils s'arrêtèrent d'eux-mêmes à la trace de craie qui en marquait le terme, jetant tous les spectateurs dans une sorte de honte, de voir dans ce défi l'homme vaincu par le cheval.

Pausanias cite également une cavale, nommée *Aura*, qui reçut les honneurs d'un monument, pour avoir remporté seule une semblable victoire, Philotas, son maître, étant tombé au commencement de la course.

La Jument de l'Arabe.

Un pauvre Arabe avait pour tout bien une magnifique jument ; le consul de France à Séide voulut la lui acheter, dans l'intention de l'envoyer à Louis XIV. L'Arabe, quoique pressé par le besoin, balança long-tems ; enfin il consentit, et en demanda un prix considérable. Le consul n'osant de son chef, donner une si grosse somme, écrivit à Versailles, pour en obtenir l'agrément de la Cour. Louis XIV donna ordre qu'elle fût comptée. Le consul sur-le-champ mande l'Arabe, qui arrive monté sur sa belle jument, et lui remet l'or qu'il avait demandé. L'Arabe, couvert d'une méchante natte, met pied à terre, regarde l'or; il jette ensuite les yeux sur sa jument, il soupire et dit : « A qui vais-je te livrer? A des Européens qui t'attacheront, qui te battront, qui te rendront malheureuse; reviens avec moi, ma belle, ma mignonne; sois la joie de mes enfans. » En disant ces mots, il saute dessus, et reprend la route de sa demeure.

L'appât de l'argent tenta un autre possesseur d'un superbe cheval. C'était le seigneur d'un château dans la Bourgogne. Un de ses paysans présenta à Louis XI une rave d'une grosseur extraordinaire, et en fut payé très généreusement. Il ne manqua point de conter sa bonne fortune au seigneur du village. Celui-ci alla offrir au roi son beau cheval, comptant sur une récompense magnifique. « Tenez, lui dit ce prince, voici une rave des plus rares en son genre, aussi bien que votre cheval; je ne saurais vous donner quelque chose de plus curieux en échange. »

Le Cheval de Capèce.

Charles, duc de Calabre, en Italie, rendait journellement la justice à Naples, assisté de ses ministres et de ses conseillers qu'il assemblait dans son palais; et dans la crainte que les gardes ne fissent pas entrer les pauvres, il avait fait placer dans le tribunal même une sonnette, dont le cordon pendait hors de la première enceinte. Un vieux cheval, abandonné de son maitre, vint se gratter contre le mur, et fit sonner. « Qu'on ouvre, dit le prince, et faites entrer qui que ce soit. » — Ce n'est que le cheval du seigneur Capèce, dit le garde en rentrant. » Et toute l'assemblée d'éclater. « Vous riez, dit le prince : sachez que l'exacte justice étend ses soins jusque sur les animaux. Qu'on appelle Capèce. « Qu'est-ce qu'un cheval que vous laissez errer, lui demanda le duc ? — Ah, mon prince, répondit le chevalier, c'était un fier animal dans son tems. Il a fait vingt

campagnes sous moi; mais enfin il est hors
de service, et je ne suis pas d'avis de le
nourrir en pure perte. — Le roi mon père
vous a cependant récompensé, reprit le
prince. — Il est vrai, j'en ai été comblé
de bienfaits. — Et vous ne daignez pas
nourrir ce généreux animal qui eut tant
de part à vos services ! Allez de ce pas lui
donner une place dans vos écuries; qu'il
soit traité à l'égal de vos autres animaux
domestiques, sans quoi je ne vous tiens
plus pour loyal chevalier, et je vous retire
mes bonnes grâces. »

Le cheval Séien.

Le nom de ce cheval lui vint de celui de
son maître Séius; il était, selon le bruit
public, de la race de ces fameux coursiers
de Diomède, qu'Alcide avait amenés de
l'Argide, après avoir tué ce roi barbare.
L'animal, qui d'ailleurs réunissait au plus
haut degré toutes les qualités qu'on es-
time dans son espèce, était d'une taille
extraordinaire et de couleur de pourpre; il
avait la tête haute, le crin jaune et très
fourni; mais, par un hasard funeste, ou

par une fatalité attachée à sa possession,
il occasionait infailliblement la mort de
son maître, la ruine entière de sa maison,
de sa famille et de sa fortune.

Séïus, son premier possesseur fut condamné au dernier supplice par Marc-Antoine, un des triumvirs. Dans le même
tems, Cornélius Dolabella, partant pour
la Syrie, et ayant ouï parler de ce cheval,
passa par Argos ; sa vue lui inspira le plus
violent désir de l'avoir, et il l'acheta cent
mille sesterces (12,500 liv.). Dolabella,
assiégé dans une place de Syrie, périt victime de la guerre civile ; C. Cassius, son
ennemi, s'empara du cheval. On sait que
dans la suite Cassius, défait, et voyant son
armée en déroute, se fit donner la mort
par un esclave. Après la défaite de Cassius, Antoine se fit amener le superbe
coursier, et quelque tems après, Antoine,
vaincu et abandonné, s'arracha la vie.
Cette liste de morts tragiques avait donné
naissance à un proverbe qu'Aulugelle rapporte dans ses *Nuits Attiques*, et qu'on
appliquait aux malheureux : « Cet homme, disait-on communément, a le cheval

Séïen. » Gabius Bassus , qui fait l'histoire
de ce cheval dans ses Commentaires , assure
l'avoir vu à Argos. »

Le cheval de Turenne.

Turenne , à l'âge de quinze ans , semblable à un autre Alexandre , dompta un
coursier très fougueux. Le comte de Roussi
avait un cheval polonais d'une beauté parfaite , mais d'une humeur si indomptable ,
qu'il était très difficile de le monter. Un
jour le jeune Turenne , qui admirait ce bel
et terrible animal , profitant d'un moment
d'absence du comte de Roussi , sauta lé-
gèrement en selle , malgré tout ce qu'on
put lui dire. On trembla dès qu'on vit
qu'il lui faisait sentir l'éperon. Mais le jeune
prince le maîtrisant avec courage , le fit
toujours aller en avant ; et l'ayant réduit à
force de le faire galoper , il s'en rendit entièrement maître , au grand étonnement
de tout le monde. Le comte de Roussi
étant averti de ce qui se passait , accourut promptement , persuadé qu'il était arrivé quelque accident à ce jeune prince ;

mais il fut bien surpris de le voir mener son cheval avec la plus grande facilité.

Quand Turenne mourut, il avait un cheval pie (*) ; on ne l'appelait à l'armée que *la Pie*. Les officiers ayant perdu leur général, étaient embarrassés de la marche qu'ils devaient faire tenir à l'armée. Les soldats s'en aperçurent. Ils s'écrièrent : « Qu'on mette *la Pie* à notre tête, qu'on la laisse aller, et nous la suivrons partout où elle ira. » Quel éloge de Turenne vaut celui-là ?

Cette histoire du cheval de Turenne me rappelle une aventure singulière arrivée à cet illustre guerrier, et qui lui valut un superbe cheval. En voyageant dans une province méridionale de la France, il entendit parler d'un château inhabité où il revenait, disait-on, des esprits. Curieux d'éclaircir cette histoire, il fut coucher dans ce lieu. Sur le minuit, un spectre chargé de chaînes se présenta et fit signe à Turenne de le suivre. Arrivé dans une

---

(*) On nomme ainsi un cheval dont le poil est noir et blanc comme les plumes de la pie.

des salles basses du château, le fantôme
secoua ses chaînes, aussitôt une trappe
s'ouvrit sous leurs pieds, et Turenne se
trouva dans un souterrain, au milieu d'une
bande d'hommes dont il reconnut bientôt
que la profession était de faire de la fausse
monnaie. Le fantôme se dépouilla de son
appareil lugubre, et prit place parmi
ses compagnons. Le chef de la troupe
s'adressant à Turenne, lui dit : « Homme
téméraire ! quel dessein t'a conduit dans
ces lieux ? Si ta raison t'empêchait de
croire que ceux qui l'habitent fussent des
êtres surnaturels, ne devais-tu pas du
moins juger qu'ils avaient un intérêt puissant à n'être point connus? En découvrant
qui nous sommes, tu t'es perdu sans ressource ; ton entrée dans ce souterrain est
ton arrêt de mort. — La mort ne m'ef-
fraie point, répliqua Turenne ; apprenez
à qui vous avez affaire ; mais songez qu'en
attentant à mes jours, vous vous perdez
aussi vous-mêmes sans retour. Si je ne re-
parais pas, on viendra à ma recherche ;
et vous savez quel sort la justice vous réserve.... — Puisque tu es Turenne, reprit

le chef de la bande , nous savons que nous
avons affaire à un homme d'honneur, et
nous allons te le prouver en nous confiant
à ta discrétion, Donne-nous ta parole de
ne point parler de ce que tu as vu avant
six mois , et nous te laissons la vie sauve.
— Je vous le promets , reprit Turenne. —
Turenne songera , ajouta le chef , que
s'il trahit sa parole, en quelque lieu qu'il
soit , et quelque précaution qu'il prenne ,
sa mort ne tardera pas à venger la nôtre. »

Après cela , Turenne sortit librement
du château , et alla rejoindre ses gens ,
à qui il dit qu'il avait vu des choses ef-
frayantes dans ce lieu , et qu'on ne pouvait y entrer sans risquer de perdre la vie,
en quoi il ne mentait point.

Environ un an après cette aventure,
Turenne donnant chez lui un grand festin,
on vint lui remettre une lettre qu'un
étranger, à cheval, venait d'apporter.

Cette lettre était ainsi conçue : « Les esprits et fantômes du château de..... ont
l'honneur de faire savoir à M. de Turenne
qu'ils sont redevenus de paisibles habitans
de la terre. Ils le prient de vouloir bien ac-

cepter la riche monture qu'ils lui envoient, comme une preuve de leur gratitude pour le secret qu'il leur a gardé. »

Effectivement le messager avait attaché dans la cour un cheval superbement harnaché, et avait disparu. Turenne, qui avait pour ainsi dire oublié cette aventure, la raconta à ses convives.

La Mule courageuse.

Dans l'*Histoire des Animaux* par MM. Arnauld de Nobleville et Salerne, on lit ce trait de courage d'une mule. Son maître, gentilhomme florentin, voyant qu'elle était si vicieuse, que non-seulement elle rendait peu de service, mais que se révoltant contre les palefreniers, elle maltraitait des dents ou des pieds tous ceux qui l'approchaient, son maître, dis-je, après avoir employé toutes sortes de moyens pour la dompter, résolut de l'exposer aux bêtes féroces de la Ménagerie du Grand-Duc. On lâcha contre elle un lion, dont le rugissement aurait d'abord effrayé tout autre animal. Mais la mule, sans paraître alarmée, se retira prudemment dans un coin de la cour où elle ne pouvait être attaquée que par derrière, c'est-à-dire du côté de sa principale force. Dans cette situation, elle attendit son ennemi, l'observant du coin de l'œil, et lui présentant la croupe. Le lion, qui parut sentir la difficulté de l'attaque, employa toute son adresse pour prendre ses avantages. Enfin la mule trouva l'occasion de lui lancer une si furieuse ruade, qu'elle lui brisa neuf ou dix dents, dont on vit sauter les fragmens en l'air. Le roi des animaux s'aperçut qu'il n'était plus en état de combattre. Il ne pensa qu'à se retirer en arrière jusque dans sa loge, en laissant la mule maîtresse du champ de bataille.

Le Cheval du Vivandier.

Elien rapporte que le cheval de Soclès, athénien, aimait tellement son maître, qu'ayant été vendu, il ne voulut plus manger dès qu'il fut livré à son nouveau possesseur, et qu'il se laissa ainsi mourir de faim. Voici un trait du même genre.

Un vivandier anglais avait élevé un joli
petit cheval brun, nommé *Capdy*; cet
homme ne prenait aucun repas qu'il n'eût
son cheval à côté de lui et qu'il ne lui donnât du pain et un peu de vin; la nuit ils
couchaient l'un à côté de l'autre; enfin le
maître traitait le petit animal comme son
meilleur ami. On va voir s'il avait affaire
à un ingrat.

Lors de la fameuse bataille de Mauper-
tuis, gagnée par le prince Noir sur le roi
Jean, le vivandier anglais, surpris à l'écart,
derrière des vignes, fut tué et pillé par des
archers poitevins. L'un d'eux s'empara du
petit cheval; mais il ne le garda pas long-
tems. A la première occasion, *Capdy* s'é-
chappa; il s'enfuit à travers les campagnes, parvint sans se tromper jusqu'aux
bas-fonds qui sont aux environs de Boulo-
gne, et traversa à la nage le Pas-de-Calais
jusqu'à Douvres. S'étant rendu d'une haleine à la chaumière de son maître, située
à sept lieues de cette ville, il y hennit avec
allégresse dans l'espoir de l'y trouver. Les
voisins, charmés de le revoir, le caressèrent beaucoup, lui donnèrent à manger,

et en eurent le plus grand soin; mais au bout de quelques jours, ne voyant point paraître son maître, le fidèle *Capdy* ne voulut prendre aucune nourriture : il mourut de chagrin peu de tems après.

Testamens en faveur des chevaux.

On lit dans le testament du comte de Leitrim, seigneur irlandais, un article ainsi conçu : « J'ai, pendant trois jours entiers, consulté la raison et l'humanité pour savoir comment je disposerais des biens qu'il faut que j'abandonne; je me trouve assez fort pour me mettre au-dessus des préjugés. Ainsi, quoi qu'en puisse dire le monde, j'ordonne et je veux ce qui suit: Pour que les amis fidèles qui m'ont servi long-tems et ont contribué à mes plaisirs, sans être excités par le vil appât du gain et des récompenses, puissent, autant que leur nature le permet, ressentir les effets de ma reconnaissance, je laisse au sieur Morand, mon ancien ami, quatre acres et demi de pâturage, pour être par lui appropriés à l'usage et au profit de mes deux vieux et fidèles serviteurs, ma jument baie et mon cheval châtain à courte queue. La première m'a porté pendant plus de vingt-et-un ans, et le second a servi à mon domestique pendant onze années. Je veux que ces deux excellentes créatures soient mises en possession desdits quatre acres et demi, et de l'écurie bâtie sur ce terrain, et qu'elles en jouissent sans empêchement ni trouble pendant toute leur vie. Le tout sera reversible, après leur mort, à Samuel Brun, mon valet, à qui je confie le soin de mes susdits amis et domestiques, et à qui j'ordonne que l'on paie, tant qu'ils vivront, la somme de quinze livres sterling (360 fr.). Comme je connais l'amitié et les attentions qu'il a toujours eues pour eux, je meurs en paix. »

Le parlement de Toulouse, en 1782, confirma le testament d'un paysan qui avait institué pour son héritier, un cheval qu'il aimait, en ajoutant qu'après sa mort, ce cheval appartiendrait à un de ses neveux.

Chèvre courageuse.

M. Bruce, directeur de la compagnie française au Sénégal, dit qu'on amena dans l'île de Saint-Louis un troupeau entier de chèvres qu'on avait acheté des Maures. Il y avait dans le fort un beau lion qu'on y nourrissait soigneusement depuis plusieurs années. La vue de ce terrible animal inspira tant de frayeur aux chèvres, qu'elles prirent toutes la fuite, à la réserve d'une seule, qui, le regardant avec audace, fit un pas en arrière, et s'avança vers lui les cornes baissées. Cette attaque, qui fut répétée plusieurs fois, jeta le lion dans un tel désordre, que, soit frayeur ou pitié, il se mit comme un chien entre les jambes du directeur, pour éviter un adversaire si incommode.

Mucianus, cité par Pline, dit avoir été témoin du trait suivant, qui prouve du raisonnement. Deux chèvres, dit-il, se rencontrèrent au milieu d'un pont long et étroit, qui, par rapport à son peu de largeur, ne leur permettait pas de passer à

côté l'une de l'autre, ni de pouvoir se retourner ou reculer avec sécurité. Comme
ni l'une ni l'autre ne voulait sauter, étant
effrayées par le bruit du torrent qui rou-
lait par-dessous avec rapidité, l'une des
deux prit le parti de se coucher sur le
ventre, et l'autre passa outre, en lui mar-
chant sur le corps.

Avant la bataille de Marathon, les Athéniens promirent de sacrifier à Diane autant
de chèvres qu'ils trouveraient de Perses
étendus sur le champ de bataille. Ils s'a-
perçurent, après la victoire, que l'exécution d'un vœu si indiscret épuiserait bientôt les troupeaux de l'Attique; on borna
le nombre des victimes à cinq cents.

Le Chien d'Alexandre-le-Grand.

Quand Alexandre partit pour l'Inde, il
reçut du roi d'Albanie un chien d'une
taille énorme. Cet animal, dont on pouvait juger que la force était extraordinaire,
ayant plu à ce conquérant, il ordonna
qu'on lâchât d'abord contre lui des ours,
puis des sangliers, puis des daims; mais

ce chien, qui méprisait de tels adversaires,
resta couché et immobile. Alexandre, qui
était le courage même, fut indigné de
trouver tant d'indolence dans un si grand
corps, et le fit tuer. Le bruit en vint aux
oreilles du roi d'Albanie, qui lui envoya
un second chien de la même espèce, nommé *Péritas*, avec cette condition expresse,
qu'il ne mettrait pas celui-ci à de si faibles
épreuves, mais qu'il éprouverait son courage contre un lion ou contre un éléphant;
ajoutant qu'il n'avait eu que deux chiens
de cette espèce, et que si ce second était
tué, la perte serait irréparable. Alexandre,
sans différer, lui fit lâcher un lion, qu'il
vit à l'instant même mettre en pièces par
le chien. Ensuite il détacha contre lui un
éléphant, et jamais spectacle ne lui parut
plus curieux. D'abord les poils dressèrent
au chien par tout le corps; il se mit à
aboyer d'une manière terrible; puis, tout
enflé de colère, il assaillit cette redoutable
bête, se dressant contre elle à droite et à
gauche, joignant la ruse au courage, ainsi
que le cas l'exigeait; tantôt la provoquant,
et tantôt l'évitant, jusqu'à ce qu'étourdie

à force de pirouetter, elle tomba à terre
d'une chute si lourde que tout le sol des
environs en fut ébranlé. Après la mort de
Péritas, on l'ouvrit, et Eustachius rapporte
qu'on trouva son cœur entouré de poil.

BICHE , *Levrette du Grand Frédéric.*

Frédéric aimait beaucoup les chiens.
Un chasseur élevait une troupe de jolies
levrettes; le roi tirait de chez lui ses favoris ordinaires et lui renvoyait ceux qui
avaient encouru sa disgrâce. Le lit et les
meubles du monarque portaient des marques sensibles des libertés cyniques de ses
petits courtisans effrontés, ce qui offrait
un contraste assez singulier avec l'ordre
politique et moral qui caractérisait d'ailleurs ce prince laborieux. La levrette favo-
rite ne le quittait jamais, pas même dans
les batailles ; et ce ne fut qu'après avoir
mis son maître en un danger très évident,
que *Biche* perdit le privilége de l'accompagner aux champs de la victoire.

Un jour le roi s'était engagé à pied trop
loin de sa suite; il vit venir de son côté

une troupe de pandoures qu'il ne put éviter qu'en se jettant dans un fossé, où il se tint caché sous un méchant pont de bois, jusqu'à ce que le détachement ennemi fût passé. Sa fidèle *Biche* pouvait le trahir en aboyant au bruit que firent les chevaux des pandoures en trottant sur le pont; mais la fortune de Frédéric prévalut. *Biche* se tapit en silence sous le manteau de son maître, qui ayant rejoint ses gens, leur dit en montrant sa levrette : « Messieurs, voilà ma meilleure amie. » Mais *Biche* depuis ce jour ne quitta pas les bagages.

Les équipages du roi ayant été pris à la bataille de Soor, *Biche*, prisonnière de guerre, devint le partage du général Nadasti, qui la donna à son épouse. Il fallut solliciter long-tems cette dame avant qu'elle consentît à l'échange de sa captive. Enfin *Biche* fut renvoyée au général de Rothembourg. Le roi écrivait, le dos tourné vers la porte, comme le général la lui ramenait. Apercevoir son maître, s'élancer sur sa table, renverser les dépêches et se dresser avec deux pattes sur les épaules du monarque, tout cela fut pour *Biche* l'affaire d'un seul bond. Frédéric, agréablement surpris, ne put recevoir ses caresses sans attendrissement. *Biche*, chérie tant qu'elle vécut, reçut après sa mort les honneurs d'un monument et d'une inscription qui se voient encore sur la grande terrasse de Sans-Souci.

Le Chien de Guillaume I*er*.

On voit à Delft la statue du chien de Guillaume I*er*, stathouder de Hollande. Il mérita cet honneur par le tendre attachement qu'il eut pour son maître. Un jour que le prince dînait en grande cérémonie dans une ville hollandaise, ce chien vint se coucher à ses pieds. On avait beau le chasser, il se remettait doucement à son premier poste, en léchant les pieds et les mains du stathouder, qui, touché de tant de persévérance et de tant de caresses, ordonna enfin qu'on lui laissât son nouvel ami. Depuis cet instant, cet animal si fidèle, qui ne briguait assurément ni titres, ni places, ni pensions, ne cessa de suivre le prince, et ne mangeait même que ce qu'il recevait de la main de son maître. Ce chien, la honte des ingrats et des cœurs intéressés, ne put survivre à Guillaume Ier: vivement touché de sa mort, il refusa toute nourriture, et expira peu de jours après.

Le Chien d'Anacréon.

Anacréon allait un jour à Théos, suivi d'un seul domestique qui portait un sac d'argent, et d'un chien qu'il aimait beaucoup. Le domestique, pressé par un besoin, s'éloigna de la route, et en allant rejoindre son maître, oublia de reprendre le sac qu'il avait déposé. Arrivé à Théos, Anacréon s'aperçoit que son chien lui manque, et le domestique se rappelle qu'il n'a plus son sac. Anacréon, ne pouvant terminer ses affaires, faute d'argent, retourne à sa campagne, pour en chercher d'autre, car il croyait bien perdu celui que le domestique avait oublié. Mais en passant près de l'endroit où son domestique s'était arrêté, le chien l'aperçoit, vient à lui et le conduit près du sac, qu'il n'avait pas quitté.

Les Wigs et les Torrys.

On lit dans les *Nuits Péruviennes*, l'histoire de deux petits chiens qui furent condamnés dans le siècle dernier, en Écosse, à être pendus, et qui furent réellement exécutés. Leur crime était de porter le nom de deux hommes dont les cabales avaient entraîné la révolution de 1688.

M. Gibss, marchand à Aberden, ville maritime de l'Écosse septentrionale, s'était permis de nommer *Wigs* et *Torrys* deux petits chiens qu'il avait; les magistrats de cette ville prirent connaissance de cette affaire, la traitèrent fort sérieusement, et condamnèrent les deux chiens à être pendus, ce qui fut exécuté. Les querelles de partis ont toujours entraîné de grands malheurs.

Le Chien d'Hésiode.

Plutarque raconte qu'Hésiode, célèbre poète grec, fut tué par les Locriens, qui le jetèrent dans la mer; mais son corps ayant été porté jusqu'à terre par des dauphins, on reconnut le meurtre. Le chien d'Hésiode s'acharna tellement contre les enfans de Ganistor-Naupactien, qu'ils furent accusés d'être les auteurs de cet assassinat; on acquit des preuves de leur crime, et ils furent punis de mort.

Le Chien de l'ambassadeur Witshire.

On ne se doute pas que l'attachement d'un Anglais pour son chien a été la cause du schisme de l'Angleterre. Si l'anecdote est vraie, c'est certainement un grand évènement par une petite cause, et ce chien mérite d'être cité. Voici comment quelques mémoires historiques rapportent le fait. Henri VIII, roi d'Angleterre, après avoir presque rompu avec la cour de Rome, voulut faire encore une tentative pour obtenir que le Pape approuvât son divorce; le Pape de son côté, craignant le schisme, semblait être dans des dispositions plus favorables. Henri choisit, pour cette importante négociation, le comte de Witshire, homme distingué par son rang et son mérite. Cet ambassadeur avait un chien qu'il aimait passionément et qui ne le quittait jamais. A la première audience du Pape, au moment où Sa Sainteté avançait son pied, pour que l'ambassadeur pût le baiser, le chien fidèle, comme pour défendre son maître, se jeta sur le pied du Pape, et le mordit au talon, presque au sang. Aussitôt l'audience fut finie, la négociation rompue, et le schisme consommé.

Chiens rois dans divers pays.

Qui pourrait croire qu'il y a eu des chiens élevés au rang suprême? On rapporte qu'Osten, fils d'un roi de Norwège, vers l'an 230 de l'ère vulgaire, ayant été élu roi de Suède, et les Norwégiens ayant massacré le roi son père qui les traitait cruellement, le fils mit tout à feu et à sang dans ce royaume; et pour comble d'ignominie, il établit son chien, nommé *Suening*, pour les gouverner.

Elien fait aussi mention de quelques peuples d'Ethiopie, qui avaient pour roi un chien dont les gestes et les mouvemens étaient consultés et interprétés dans les affaires essentielles de l'Etat. Pline rapporte encore que les Toembars obéissaient à un semblable maître. Malgré ces graves autorités, je doute que les chiens qui trottent dans nos rues, veuillent croire qu'il y a eu parmi leur race des têtes couronnées.

Finette.

Plutarque fait mention d'un petit barbet nommé *Zoppico*, qui aurait défié les premiers sujets de notre scène chorégraphique. L'empereur Vespasien prenait le plus grand plaisir à lui voir jouer la pantomime. Cédrénus, historien du onzième siècle, rapporte avec admiration les merveilles opérées par une troupe de chiens qui se signalèrent sous le règne de Justinien.

On rencontre assez souvent dans les rues de Paris un homme qui joue du galoubet et du tambourin, et qui conduit par la bride un petit âne, accompagné d'une douzaine de chiens traînés dans un chariot par un gros dogue, habillés, les uns en arlequin, d'autres en pierrot, en marquis,

en commissaire , etc. , qui se tiennent
droits, et vont tout en sautant sur leurs
pattes de derrière, dansant le menuet, la
gavotte, et tendant le chapeau pour faire
la quête parmi les spectateurs rassemblés
autour d'eux. Un jour que cette troupe passait dans l'île Saint-Louis , on sonne avec
force à la porte de l'appartement où je
me trouvais avec une nombreuse compagnie ; un domestique ouvre , et nous
voyons entrer dans le sallon , une dame
de quinze à dix-huit pouces de haut,
costumée comme la comtesse d'Escar-
bagnas , qui nous fait mille révérences
en sautant avec joie. Est-il possible! s'é-
crie la dame de la maison, c'est *Finette*,
c'est ma chienne! et voilà tout aussitôt la
vieille comtesse dans les bras de la jeune
dame qu'elle accable de caresses. Cette petite bête , pleine d'esprit et de gentillesse ,
était perdue depuis trois mois. L'institu-
teur des chiens l'ayant rencontrée, et lui
jugeant des dispositions , l'avait placée
dans sa troupe dansante, et ce n'était pas
l'acteur le moins avisé. *Finette* passant devant la porte de sa maîtresse , reconnut sa

maison : sauter en bas du chariot qui la conduisait, et gagner l'appartement, avait été l'affaire d'un instant. Le directeur de la troupe canine s'apercevant de sa désertion, se présente pour la réclamer ; mais à peine *Finette* l'a-t-elle aperçu, qu'elle arrache sa coiffure, sa robe, et va les déposer à ses pieds, comme pour lui dire : Voilà ce qui t'appartient ; emporte, et moi je reste. Ce dernier trait enchante toute la compagnie ; on paie au maître des chiens tout ce qu'il demande pour indemnité de la nourriture, de l'entretien et de l'éducation de *Finette*. La dame acheta en outre l'habillement de comtesse ; et pendant cette soirée, *Finette*, dans son costume, fit l'amusement de toute la compagnie.

Le Chien de Louis XIII.

Louis XIII encore enfant, mais déjà roi de France, avait un chien qu'il aimait beaucoup, et dont il s'occupait la plus grande partie de la journée ; cet animal lui faisait perdre un tems précieux qu'il devait donner à son instruction. Le précepteur du prince , David Rivault , ennuyé de voir cette bête venir sans cesse troubler les leçons , et surtout incommodé de l'habitude qu'elle avait prise de sauter sur tout le monde , la repoussa un jour du pied pour la chasser. Le petit prince était un enfant gâté ; il se mit dans une colère violente , et osa frapper son précepteur. Celui-ci, fâché à son tour, et connaissant , par l'expérience , que l'on ne fait jamais rien d'un enfant qui sait trop qu'il est son propre maître, se retira de la cour, et ne voulut plus donner de leçons à un prince qui n'en connaissait pas le prix. Le roi sentit pourtant qu'il avait tort : il se réconcilia avec son précepteur, et lui promit un évêché, dont la mort empêcha ce dernier de jouir. Il eût été trop honteux qu'un chien l'emportât dans son cœur sur un homme , et principalement sur son précepteur.

Le chien du Couvent.

Mahomet Galadin , empereur du Mogol, avait fait placer, dans la cour de son palais , une cloche qui donnait dans son appartement , et l'avertissait de ceux qui demandaient l'audience, qu'il ne refusait à personne. Un chien qu'il aimait , et pour lequel il faisait beaucoup de dépenses , alla sonner la cloche pour lui faire voir que l'on supprimait, par avidité, la plus grande partie de sa nourriture.

On rapporte ce trait d'un chien que l'on nourrissait dans une communauté. Les personnes de la maison qui arrivaient trop tard, et voulaient prendre leur repas , tiraient une petite sonnette, et le cuisinier passait leur portion par le moyen d'une boîte tournante , qu'on appelle *tour* dans les maisons religieuses. Le chien était attentif à tous ces mouvemens, parce qu'ordinairement on lui abandonnait quelques os dont il se régalait. Ces revenans-bons ne satisfaisaient pas toujours son appétit ; néanmoins il s'en contentait ; lorsqu'un jour n'ayant pu rien attraper , il s'avise de tirer lui-même la sonnette avec sa gueule ; le garçon de cuisine , croyant que c'était une personne de la communauté , passe une portion ; le chien ne s'en fait pas faute et l'avale dans le moment. Le jeu lui pa-

rait doux, il recommence le lendemain, et
sûr de sa pitance, ne fait plus la cour à personne. Cependant le cuisinier, qui s'était
plusieurs fois aperçu qu'on lui demandait
une portion de plus, porta ses plaintes ;
on fait des recherches, on examine, on
surprend à la fin le drôle, qui ordinairement n'attendait pas que toutes les personnes de la communauté eussent leur
portion, pour demander la sienne. On
admira la finesse de cet animal ; et pour
ne pas le priver du fruit de son industrie,
on continua de lui passer sa pitance, que
l'on composait de tout ce qui était resté
sur les assiettes.

Vaillant.

Un sénateur étant allé voir un de ses
amis à la campagne, celui-ci l'engagea
à faire une partie de chasse ; et comme
il s'en défendait, n'étant pas, disait-il,
très adroit à cet exercice ; pour le déterminer, le maître de la maison lui donna
son meilleur chien. À peine sont-ils en
campagne, que *Vaillant* fait lever une

volée de perdrix : le sénateur tire dessus ;
mais le chien eut beau chercher, on n'a-
vait rien abattu. Plus loin *Vaillant* découvre une autre volée ; le chasseur ajuste
aussi bien que la première fois , et réussit
de même ; le chien le regarde quelque
tems, paraissant réfléchir s'il continuera
de chasser avec un tel compagnon ; enfin ,
il se met une troisième fois à la découverte ; mais le sénateur ayant été tout
aussi maladroit qu'auparavant , *Vaillant*
revint, fit deux ou trois tours entre les
jambes du chasseur, leva la patte, pissa
contre ses bottes, et s'en retourna aussitôt
à la maison. Nous tenons cette histoire
du sénateur même , qui s'amusait à la raconter à table à ses amis.

Le Chien de Solbach.

Il y a quelques années que deux enfans de trois et quatre ans, de la commune de Solbach , aux environs de Stras-
bourg , s'étaient perdus le matin dans
Shinthal. Leurs parens les cherchèrent
tout le jour sans les trouver. La nuit étant

survenue, et leur inquiétude redoublant, tout le monde vint à leur secours; on sonna le tocsin dans les trois communes de Solbach, de Widerspach et de Waldersbach; et tous les habitans, munis de pistolets, de fusils, de lanternes, parcoururent les montagnes. Les chiens des trois villages étaient à la tête des paysans, et l'on comptait beaucoup sur l'instinct de ces animaux. C'était un coup-d'œil singulier de voir tous ces feux errans au milieu de la nuit la plus obscure. On cherchait en vain depuis quelque tems, lorsque tout-à-coup, un des chiens qui servaient de voltigeurs dans cette expédition, accourut en aboyant avec joie : en effet, il avait suivi la piste, et l'on trouva les deux enfans endormis dans la neige. Des coups de fusil, et de pistolet annoncèrent aussitôt l'heureuse découverte, et on les rapporta en triomphe au village. La petite fille avait encore les mains chaudes, le garçon était raide de froid; cependant tous deux vivaient; mais ils auraient péri indubitablement, s'ils eussent demeuré là toute la nuit. Il fallait voir la joie du bon chien qui les avait découverts : pendant tout le chemin il sautait autour d'eux, il les léchait, il courait en avant, puis il revenait bien vite ; il paraissait tout fier de les avoir retrouvés ; il semblait dire à ceux qui composaient le cortége : « C'est à moi qu'appartient la gloire de leur retour ; c'est moi qui leur ai sauvé la vie ! »

Le Chien de Dublin.

La *Gazette de France* du 15 janvier 1811 rapporte cette aventure, arrivée dans les environs de Dublin. Un gentilhomme étant allé à une foire de chevaux, du voisinage, perdit, en revenant, sa bourse dans laquelle il y avait cinquante ducats : il dit à son chien barbet d'aller la chercher. Le chien l'avait retrouvée, et la rapportait à son maître, quand il fut rencontré par un autre gentilhomme qui chassait avec son monde et ses chiens, et qui l'emmena, fort aise de le trouver nanti d'une bourse où il y avait de l'or. Le chien plut au maître, qui le traita fort bien, mais l'empêcha de sortir. Neuf mois s'étaient écoulés, lors-

qu'un jour ce gentilhomme se disposant
à aller aussi à une foire de chevaux, mit
sur la table une bourse de cent cinquante
ducats : au moment où il ne s'en aperçoit
pas, le chien prend la bourse dans sa
gueule, et court la porter à son ancien
maître. On peut juger de la joie et du plaisir de celui-ci. Ces deux gentilshommes
se rencontrent par hasard quelque tems
après, et racontent leur histoire. Celui
qui avait perdu cent cinquante ducats,
les réclame; l'autre les refuse; l'affaire est
portée devant un tribunal, qui condamne
le gentilhomme aux cent cinquante ducats, pour avoir gardé, pendant près d'un
an, d'une manière inconvenable, le chien
et l'argent qui ne lui appartenaient pas.

Le Chien du porte-balle.

On voit dans l'église de Lambeth, à
Londres, sur les vitraux d'une fenêtre,
le portrait d'un homme et d'un chien.
Voici le sujet de cette peinture.

Un porte balle, très-pauvre, passant
sur une pièce de terre, ne put jamais

parvenir à forcer son chien de quitter un endroit où il n'avait cessé de gratter. Étonné de cette opiniâtreté, et soupçonnant qu'il y avait quelque chose de caché dans cette place, il sonda la terre avec son bâton, sentit quelque résistance, et, en creusant, trouva un pot rempli d'or : il acheta le terrain d'une partie de son argent, et s'établit dans la paroisse. On doit penser combien il fêta le chien qui lui avait procuré cette fortune. Cette pièce de terre, qui contient un acre et dix-neuf perches, porte le nom de *l'acre du porte-balle*; elle rapporte aujourd'hui 250 liv. de rentes. En 1504, cet homme en fit don à sa paroisse, à condition que son portrait et celui de son chien seraient perpétuellement conservés sur un panneau de l'une des fenêtres de l'église : ce que les paroissiens ont exécuté avec une exactitude religieuse.

Les Chiens de Misitra.

Virgile, dans son quatrième livre des Georgiques, a fait un Traité de la République des Abeilles ; on ne s'imagine

peut-être pas que les chiens en ont aussi
une. Rien n'est pourtant plus constant ;
et c'est à Lacédémone , aujourd'hui Misitra, qu'elle subsiste , soutenue par la
charité des Mahométans. Dans cette ville ,
les Turcs n'ont pas de chiens domestiques, et les chiens n'ont pas de maîtres
particuliers. Il en faut excepter de très
petits que les dames font venir par curiosité de Malte et de Pologne. La charité mahométane fournit aux naturels
du pays à boire et à manger; et quand
une chienne est prête à faire ses petits ,
le plus charitable Turc de la rue lui ac-
commode une petite place avec du foin
et de la paille , au-devant de sa maison.
Quand on va à la mosquée , ou qu'on en
sort , on achète de petits morceaux de
pain fort minces et à demi-cuits, qu'on
distribue aux chiens. Mais ce qu'il y a
d'admirable , c'est le département de ces
animaux qui est réglé entre eux; car ils
sont distribués par bandes dans des rues
particulières qui leur sont affectées ; en
sorte que chaque bande demeure en son
quartier ordinaire ; et le chien vagabond

qui s'émancipe d'aller dans le quartier des autres pour picorer, est assuré d'être bien étrillé, s'il ne se sauve. Les chiennes même d'un quartier ne sont jamais connues par les chiens d'un autre; il s'observe là-dessus une police très sévère, car les délinquans de l'un et l'autre sexe sont étrillés d'importance par les plus anciens.

Il n'y a nulle part tant de chiens qu'au Japon. Chaque rue a les siens qu'on doit nourrir soigneusement, et qu'il n'est pas permis d'insulter ni de tuer, sous des peines très rigoureuses, quelquefois même de mort. C'est l'effet du caprice singulier d'un monarque. Ce prince étant né sous le signe du chien (qui est parmi les Japonais un des douze signes du zodiaque), avait conçu l'affection la plus tendre pour ces animaux. La tendresse alla si loin du tems de cet empereur, que quand un chien mourait, il fallait le porter sur le sommet des montagnes, et lui faire un enterrement honorable.

Le chien de l'abbé Trente-mille-Hommes.

Les anciens habitués du Luxembourg

peuvent se rappeler M. l'abbé *Trente-mille-Hommes*, nouvelliste intrépide, qui avait acquis ce nom par la fermeté avec laquelle il décidait des droits et des intérêts de tous les souverains de l'Europe, moyennant *trente mille hommes* d'une nation ou d'une autre, qui, à sa volonté, passaient les rivières, gravissaient les montagnes, prenaient les villes, gagnaient les batailles. Disciple de Turenne, il n'était pas pour les grandes armées; trente mille hommes suffisaient à tout. L'ardeur guerrière de cet abbé ne pouvait souffrir le casernement. Il arrivait au jardin de bonne heure, déjeûnait au café de la grande porte, dînait chez le suisse de la porte des Carmes, buvait le soir une bouteille de bière, et mangeait, conjointement, avec son chien, six échaudés à la porte d'Enfer, ne quittant la place que lorsque les suisses l'avaient plusieurs fois prié de sortir. Les jours de pluie, il restait chez l'un des trois suisses, à lire, relire et commenter la gazette, adressant la parole à son chien, lorsqu'il n'y avait pas d'autre compagnie. Il mourut. *Sultan*, son fidèle ami, chien-loup de moyenne taille, d'un gris-roussâtre, dédaigna de prendre un autre maître, quoique plusieurs amis de l'abbé lui eussent offert un asile. Depuis long-tems son domicile le plus habituel était le jardin. Il y resta, couchant sur les chaises quand il faisait beau, et dessous dans le mauvais tems.

Il conservait de l'affection pour le groupe des nouvellistes, les suivait dans leurs lentes promenades, s'arrêtait avec eux durant leurs longues stations, regardait attentivement les figures qu'ils traçaient sur le sable, obtenait aisément des preneurs de café au lait quelques morceaux de pain, des buveurs de bière quelques échaudés qu'il saisissait en l'air à merveille, et des pratiques du traiteur, quelques autres débris.

Il ne tenait cependant pas si fortement au Luxembourg, qu'il ne fût très joyeux quand on l'invitait à dîner en ville; ce qui devint assez fréquent, lorsqu'on eut remarqué combien il était sensible à cette politesse. La formule était : « *Sultan*, veux-tu venir dîner chez moi? « Quelques-uns encore plus civils lui disaient : « Veux-tu

me faire l'honneur de dîner aujourd'hui
chez moi ? « Il acceptait avec caresses, s'il
n'était pas engagé. Au contraire, s'il avait
déjà promis, après un petit signe de reconnaissance, il allait se ranger à côté du premier invitateur. Il l'accompagnait pas à
pas, bondissant en sortant du palais; dînait de grand appétit, et, tant que du-
rait le festin, faisait mille gentillesses, était
bon convive. La nappe enlevée, il attendait quelques momens, témoignant encore
de la satisfaction. Ensuite il demandait po-
liment à sortir; et si l'on tardait à ouvrir
la porte, il gémissait, puis se courrouçait.

On a souvent essayé de le retenir. Il
s'échappait, et ne se rapprochait plus de
ceux qui avaient voulu transformer une
marque de bienveillance en un titre d'es-
clavage. Un maladroit, qui peut-être l'aimait, mais qui n'était pas assez délicat
pour sentir qu'on ne peut conquérir par
la force une âme élevée, osa le faire attacher. *Sultan* fut dans l'indignation, mordit l'exécuteur, rongea la corde, s'enfuit
au galop, et n'a jamais rencontré ce faux et
perfide ami, sans lui reprocher sa trahi-

son par de violens abois, ni sans terminer la querelle par un geste méprisant.

J'ai connu *Sultan*, dit M. Dupont de Nemours, membre de l'Institut, qui raconte cette histoire ; il m'a fait plusieurs fois l'honneur de dîner chez moi, parce que je respectais scrupuleusement sa liberté. Il y restait même plus long-tems qu'ailleurs, parce qu'il s'était convaincu qu'on lui ouvrait la porte à sa première réquisition.

Les Chiens intelligens.

Le dimanche 30 septembre 1810, Jacques Barbier, cultivateur à la Grange-aux-Bois, près Sainte-Ménéhould, part de grand matin avec ses deux chiens pour aller à la recherde de la faine (fruit du hêtre). Arrivé dans la forêt, il aperçoit un hêtre très élevé et qu'à peine on pouvait embrasser. Il y monte : parvenu à une hauteur considérable, il parait qu'il tomba, et qu'un de ses pieds s'engagea entre deux branches fourchues, à environ 40 pieds de hauteur, où il resta suspendu, les pieds en l'air et la tête en bas.

Il semble que ses chiens, qui ne le voyaient point descendre, et qui l'entendaient crier, aient compris son embarras, car on a vu des marques qu'ils avaient gratté au pied de l'arbre pour le déraciner ; mais n'ayant pu y parvenir, l'un resta en faction pour garder son maître, et l'autre retourna à la maison vers dix à onze heures du matin, tout en aboyant, heurlant et manifestant des inquiétudes extraordinaires. Le mari avait promis d'être de retour pour la messe. Sa femme et ses enfans ne le voyant pas revenir, et remarquant les cris singuliers et l'agitation extraordinaire du chien, résolurent d'aller à sa recherche. Le fidèle animal marche aussitôt en avant, les conduit dans le bois, jappant avec force toutes les fois qu'on lui demande : *Où est ton Maître ?* Sitôt qu'on fut arrivé dans le bois, et que l'autre chien entendit qu'on venait au secours, il se joignit à son compagnon, et ils conduisirent les personnes au pied de l'arbre où l'homme était suspendu : malheureusement lorsque les secours arrivèrent, cet infortuné était mort.

Besace.

Le chien des capucins de Troyes en Champagne, avait été deux fois avec le père Provincial dans le couvent de Châlons, chômer la fête de saint François, et il avait été parfaitement reçu. L'animal reconnaissant des politesses de messieurs les capucins, partait tous les ans de Troyes, la veille de saint François, et venait passer à Châlons l'octave du saint. *Besace*, qui était le nom du chien, ne manqua point pendant dix ans de faire ce voyage. Les révérends de Châlons, flattés de l'amitié de *Besace* pour leur couvent, avaient fait un règlement en sa faveur. La veille de saint François, le portier était en faction pour l'attendre; dès qu'il l'apercevait, il sonnait la cloche : à ce signal, la communauté descendait dans le chapitre; on lavait les quatre pattes au chien, et le gardien le remettait entre les mains du frère cuisinier. Le chien était à la double portion. A son départ, le supérieur écrivait une lettre à la communauté de

Troyes, qui tenait lieu d'obédience à *Besace*.

Le Chien de Xantippe.

Plutarque, qui ne dédaigne jamais de recueillir ce qui peut instruire les hommes, propose, en passant, pour exemple d'attachement, les chiens des Athéniens, à l'époque où ce peuple, menacé par l'armée innombrable de Xerxès, s'embarqua pour se retirer à Salamine. La désolation était générale, et il n'y eut pas jusqu'aux animaux domestiques qui ne prissent part au deuil public. On ne pouvait s'empêcher d'être touché et attendri en les voyant courir avec des hurlemens, après leurs maîtres qui les abandonnaient. Entre tous les autres, on remarqua le chien de Xantippe, père de Périclès, qui, ne pouvant supporter de se voir éloigné de son maître, se précipita dans la mer, et nagea toujours près de son vaisseau jusqu'à ce qu'il aborda, presque sans force, à Salamine, et mourut incontinent sur le rivage. *Plutarque* ajoute que de son tems on montrait encore l'endroit où avait été enterré ce bon animal, et que l'on nommait ce lieu *la Sépulture du chien*.

Chiens du Mont Saint-Bernard.

Par une sage et humaine prévoyance, on a établi sur le mont Saint-Bernard un hospice où les voyageurs égarés ou indigens trouvent des secours momentanés. Il y a dans cette maison de gros dogues élevés pour rôder le long des sentiers étroits et tortueux. Ces chiens ont d'ordinaire, une bouteille clissée, remplie d'eau-de-vie, et attachée à leur cou par une chaîne de fer; ils vont la présenter aux voyageurs harassés de lassitude, afin de les réchauffer un peu au milieu des frimas qui les entourent, puis ils guident leurs pas incertains vers l'hospice.

Un de ces dogues faisant sa ronde, selon sa coutume, rencontra un petit garçon de six ans, dont la mère était tombée au fond des neiges, sans qu'il fût possible de la retrouver. Saisi par la vivacité du froid, épuisé de faim, de douleur et de fatigue, cet innocent était couché sans force

au milieu du chemin, et s'y lamentait.
Le dogue accourt à lui, et levant la tête,
il lui montre la liqueur restaurante qu'il
porte pour le service des voyageurs. Ne
comprenant rien à la nature de cette offre,
l'enfant tressaille de frayeur et fait un mouvement pour se retirer. L'animal, afin de
l'enhardir, lève doucement la patte, il la
pose ensuite bien plus doucement encore
sur ses petits pieds, et lui lèche les mains
engourdies par le froid aigu. Rassuré par
ces démonstrations amicales et pacifiques,
l'enfant fait un effort pour se relever ; mais
ses jambes, ses bras, tout son corps est
si glacé, si raide, qu'il ne peut marcher.
Compâtissant à la faiblesse du petit, le
chien s'approche bien près de lui, et,
par un signe expressif, il lui fait entendre
de se mettre sur son dos. L'enfant s'y place
en effet le mieux qu'il lui est possible, et
s'y tient courbé en deux. L'animal bien-
faisant le porte ainsi avec grande précaution jusqu'à l'hospice, où l'on ne manqua
point de lui donner tout ce qui était nécessaire pour le réchauffer.

Ce trait produisit une vive sensation

dans tous les cantons d'alentour Un riche particulier se chargea du petit orphelin; il fit même peindre cette touchante aventure par un habile artiste de Berne; et ce tableau fut ensuite placé dans la maison où le dogue hospitalier faisait le service.

Le chevalier Gaspard de Brandenberg fut enseveli avec son domestique sous une avalanche, comme ils traversaient le mont Saint-Gothard. Le chien qui les accompagnait, et qui avait échappé à cet accident, ne quitta pas les lieux où il avait perdu son maître : heureusement l'endroit n'était pas éloigné d'un couvent. Le fidèle animal gratta la neige et hurla très longtems de toutes ses forces ; il courut au couvent à plusieurs reprises, et revint autant de fois sur ses pas. Les gens de la maison le suivirent ; il les mena directement dans l'endroit où il avait gratté la neige ; et le chevalier, ainsi que son domestique, furent retirés sains et saufs de dessous l'avalanche.

Sensible à l'attachement de l'animal auquel il devait la vie, le chevalier Gaspard ordonna qu'à sa mort, il serait représenté

sur sa tombe avec son chien. On voit à
Zug, dans l'église de Saint-Oswald, le
tombeau de ce magistrat représenté avec
un chien à ses pieds.

Les Chiens de Crébillon.

Crébillon, le tragique, avait pour les
chiens le plus tendre penchant; il ramassait et emportait sous son manteau tous
ceux qui étaient délaissés dans les rues :
beaux ou laids, propres ou non, ils trouvaient chez lui l'hospitalité; mais il exigeait de chacun d'eux certain exercice; et
quand, au terme prescrit, l'élève était convaincu de n'avoir pas profité de l'éducation qu'on lui donnait, l'auteur de Rha-
damiste le reprenait sous son manteau,
l'allait poser sur le pavé où il l'avait ramassé; et, détournant les yeux en gémissant, il
l'abandonnait à son mauvais sort. Regnard.
dans son *voyage en Laponie*, parle d'un
chien qui faisait dans ce pays l'office de
nos berceuses d'enfant. « Nous entrâmes.
dit-il, dans une cabane où nous trou-
vâmes une femme qui donnait à téter à

un petit enfant. Un arbre creusé et plein de mousse fine, était suspendu au plancher, et servait de berceau. Quand la mère eut placé son enfant, le chien de ces bonnes gens vint mettre ses deux pattes de devant sur le berceau, et lui donna du mouvement ainsi qu'aurait pu faire une personne.

Le Chien du prince d'Orange.

Un gros chien, chassé de différentes maisons, vint un jour se réfugier sous la chaise du prince d'Orange, tandis qu'il était à table. Le prince le chassa plusieurs fois, et le fit chasser par ses gens; mais le chien ne manquait jamais de revenir à l'heure des repas, et prenait si bien son tems, que Maurice le trouvait toujours à ses pieds; enfin, las de le rebuter, et faisant réflexion à la constance de cet animal, il défendit qu'on le renvoyât. Le prince lui donne lui-même à manger, le chien le caresse; et ce nouveau courtisan accompagne partout son maître sans l'importuner. Il demeure à la porte de sa chambre, et ne suit le prince que lorsqu'il

en sort. S'il va hors de son palais, le chien
marche à côté de son carrose; et l'on eût
dit qu'il était un de ses gardes. Cela plut
tellement à Maurice, qu'il prit ce chien en
amitié, lui donna l'entrée jusque dans son
cabinet, et lui légua, en mourant, une
somme dont il fut entrenu pendant sa veil-
lesse, qui se prolongea encore long-tems.

Le Chien de sir Harry.

Sir Harry Lee, de Ditchley, comté d'Ex-
ter, ancêtre des derniers comtes de Litch-
field, avait un dogue dans sa cour, pour
la sûreté de sa maison, mais qui n'avait
jamais obtenu aucune marque d'attention
particulière de son maître. Un soir que sir
Harry se retirait dans son appartement, le
dogue monta l'escalier, et, au grand étonnement de son maître, se présenta dans sa
chambre à coucher : il fut aussitôt chassé; mais le pauvre animal se mit à gratter
violemment à la porte, et à hurler pour
qu'on le laissât entrer. Sir Harry, las de
résister à ce chien, quoique extrêmement
surpris de son penchant pour la société

d'un maître qui ne lui avait jamais té-
moigné de tendresse, lui ouvrit sa porte.
Aussitôt le dogue entra en agitant sa queue,
et en fixant les regards les plus affectueux
sur son maître, puis se glissant sous le lit,
il se coucha sur le carreau, comme s'il eût
eu l'intention de passer la nuit dans sa
compagnie. Sir Harry, ne voulant plus
contrarier ce chien, le laissa faire, et le
plus grand calme régna dans la chambre.
Vers l'heure silencieuse de minuit, la porte
de l'appartement s'ouvrit, et les pas d'un
homme qui traversait la chambre à coucher se firent entendre. Sir Harry se ré-
veilla en sursaut; le chien s'élança de dessous le lit sur l'intrus, et le terrassa.

La plus profonde obscurité régnait dans
l'appartement; sir Harry tira, dans une
extrême agitation, le cordon de la sonnette pour avoir de la lumière; la personne
qui était fixée contre terre par le courageux dogue, criait à son secours; il se
trouva que c'était le valet de chambre,
qui n'avait point compté rencontrer là un
tel adversaire; il chercha à s'excuser de
s'être introduit à cette heure dans la cham-

bre à coucher de son maître, et à donner des prétextes pour justifier cette liberté; mais toutes les raisons qu'il voulut alléguer ne purent parvenir à dissiper les soupçons de sir Harry, qui prit le parti de le citer devant le magistrat.

Ce perfide valet, effrayé par les menaces, et tranquillisé en même tems par l'assurance de son pardon, finit par avouer que son dessein avait été d'assassiner son maître et de le voler ensuite. Ce projet infernal fut déjoué par le rare instinct d'un animal qui semble avoir été dirigé dans ce moment par l'intervention de la Providence.

Un tableau en grand, où le chien est représenté à côté de sir Harry, avec ces mots pour épigraphe: *Plus fidèle que chéri*, est conservé dans les portraits de famille de cet écuyer.

L'illustre Pope, dans une pareille circonstance, dut la vie à son caniche appelé *Marquis*: ce chien saisit à la gorge un valet qui entrait la nuit pour assassiner son maître, et il ne lâcha prise que quand il le vit entouré des personnes qu'il avait appelées à son secours.

Le Chien à la culotte.

M. Dumont, négociant, rue Saint-Denis, se promenant sur le boulevard Saint-Antoine, avec un ami, paria que son chien lui rapporterait un écu de six livres qu'il cacherait dans la poussière. Le pari fut accepté : l'on cacha l'écu, auquel on eut soin de faire une marque particulière. Lorsque les deux amis furent à quelque distance, le maître dit à son chien de chercher, qu'il avait perdu quelque chose. *Caniche* retourna sur ses pas, et les deux amis continuèrent leur chemin vers la rue St.-Denis. Sur ces entrefaites, un marchand forain, qui revenait de la fête de Vincennes, dans une cariole, aperçut l'écu que les pieds du cheval avaient mis à découvert; il descendit le ramasser, remonta dans sa voiture, et s'en alla à son auberge, rue du Pont-aux-Choux. *Caniche* était arrivé comme le marchand ramassait l'écu, il l'avait flairé, et avait voulu le lui arracher des mains; il suivit la cariole, entra dans la maison, et ne quitta plus le

marchand. Il sautait continuellement autour de lui, sentant dans son gousset l'écu
de six livres qu'on lui avait dit de rapporter. Le forain crut que c'était un chien
perdu ou abandonné, qui cherchait un
maître ; il prit ses démonstrations pour
des caresses ; et comme le chien était fort
beau, il résolut de le garder. Il lui fit faire
un bon souper et l'emmena coucher dans
sa chambre. A peine cet homme eut-il ôté
sa culotte, que *Caniche* s'en empara; l'on
crut qu'il voulait jouer, on la lui retira ;
le chien se mit à aboyer à la porte : le
marchand soupçonnant quelque besoin, la
lui ouvrit ; aussitôt *Caniche* prit la culotte
à sa gueule et s'enfuit. Le forain, en bonnet
de nuit et en caleçon, le poursuivit avec
une inquiétude mortelle, car il y avait dans
son gousset une bourse renfermant plusieurs Napoléons d'or de 40 francs. *Caniche*
courut ventre à terre jusque chez son maître, où le marchand arriva tout essoufflé et
fort en colère, en traitant le chien de voleur.
« Monsieur, lui dit le maître, *Caniche* est
très fidèle ; s'il vous a dérobé votre culotte,
c'est qu'il y a dedans de l'argent qui ne

vous appartient pas. » Nouvelle colère du marchand. « Ne vous emportez pas, reprit en riant le maître de *Caniche ;* votre bourse renferme sans doute un écu de six livres marqué de telle manière, que vous aurez ramassé sur le boulevard Saint-Antoine, et que j'avais jeté là, bien sûr que mon chien me le rapporterait : voilà ce qui est cause du larcin qu'il vous a fait. » L'étonnement succéda à la colère ; le marchand remit l'écu de six livres, et ne put s'empêcher de caresser celui qui lui avait causé une si grande inquiétude, et l'avait tant fait courir.

Le père Schot raconte que, du tems de l'empereur Justinien, il y avait à Constantinople un charlatan qui disait aux personnes amassées autour de lui, qu'elles pouvaient jeter dans la place les anneaux de leurs doigts ; que son chien rapporterait exactement à chacun le sien ; ce qu'il exécutait effectivement sans se tromper.

Le Chien des monts Grambiens.

Un berger Ecossais qui faisait paître ses troupeaux dans les vallées qui séparent les monts Grambiens, était dans l'habitude d'emmener avec lui, dans ses excursions journalières, un de ses enfans âgé d'environ trois ans : cet usage est pratiqué par tous les habitans des montagnes d'Ecosse, qui accoutument de bonne heure leurs enfans à endurer les rigueurs du climat. Le berger, après avoir traversé son pâturage, accompagné de son chien, se trouva dans la nécessité de se porter au sommet d'une montagne, à quelque distance de là : comme il y avait trop à monter pour son enfant, *il le laissa dans la plaine*, avec l'ordre le plus exprès de ne pas bouger de place jusqu'à son retour. A péine était-il parvenu à la cime de cette montagne, que l'horizon fut aussitôt obscurci par l'un de ces impénétrables brouillards qui descendent fréquemment avec tant de rapidité sur les hauteurs, que, dans l'espace de quelques minutes, ils changent les jours en nuits. Le père, accablé d'inquiétude, descendit en courant à l'endroit où était son enfant ; mais dans l'obscurité et l'agitation où il était, *il perdit son chemin* : après une recherche infruc-

tueuse de quelques heures, au milieu des
marais et des cataractes dont ces montagnes abondent, il se trouva surpris par la
nuit la plus obscure, en errant çà et là,
sans savoir où il portait ses pas. Etant parvenu enfin avec beaucoup de peine à découvrir la lisière du brouillard, il s'aperçut, au clair de la lune, qu'il était arrivé
au fond de la vallée, et qu'il était à une
très petite distance de sa chaumière. Il
eût été pour lui aussi dangereux qu'inutile de continuer ses recherches; il se trouva donc obligé de retourner à sa cabane,
après avoir perdu son enfant et le chien
qui, depuis plusieurs années, était son
compagnon fidèle.

Le lendemain matin, à la pointe du
jour, le berger, suivi d'une foule de
paysans, se mit à la recherche de son enfant; mais après avoir passé la journée entière à se fatiguer inutilement, il fut enfin
obligé, sur le soir, de descendre de la montagne. En revenant à sa chaumière, il apprit que le chien qu'il avait perdu la veille,
après être venu à la maison et avoir reçu
un morceau de pain, s'était aussitôt enfui.

Pendant plusieurs jours de suite, le berger ne cessa de courir à la recherche de
son enfant; et toujours, en revenant vers
la brune à sa chaumière, il apprenait que
son chien avait paru, et qu'il s'était enfui
après avoir reçu sa pitance ordinaire. Frap-
pé de cette singulière circonstance, il resta
un jour à la maison; et lorsque le chien partit comme de coutume avec son morceau
de pain, il résolut de le suivre et de connaître le motif de cette conduite extraordinaire. Ce chien prit la route d'une cataracte située à quelque distance de l'endroit où le berger avait laissé son enfant;
les bords de cette cataracte, réunis presque entièrement à leurs extrémités, mais
séparés par un abîme d'une profondeur
immense, présentaient aux regards effrayés
cet aspect qui cause si souvent tant d'effroi aux voyageurs égarés dans les monts
Grambiens, et indiquaient en même tems
que ces lacunes ne sont pas l'ouvrage si-
lencieux du tems, mais l'effet soudain de
quelque violente convulsion de la nature.
Le chien, sans hésiter, descendit dans l'un
de ces précipices d'une profondeur pres-

que perpendiculaire, et enfin disparut
dans une caverne dont l'ouverture était
presque de niveau avec le terrain. Le berger l'y suivit avec beaucoup de difficulté;
mais quelles furent ses émotions en entrant dans la caverne, lorsqu'il vit cet enfant manger avec beaucoup de satisfaction
le morceau de pain que le chien venait de
lui apporter; tandis que ce fidèle animal
se tenait à côté de lui, en regardant d'un
œil de complaisance son petit protégé !

D'après la situation dans laquelle le père
trouva cet enfant, il paraît qu'il s'était écarté jusqu'au bord du précipice, et qu'il
avait roulé jusqu'à ce qu'il fût parvenu
au bord de la caverne, où la peur de la
chute du torrent l'avait comme enchaîné,
et que le chien, l'ayant suivi à la piste,
l'avait préservé de mourir de faim, en lui
apportant sa ration journalière : il paraît
aussi qu'il ne quitta cet enfant ni le jour
ni la nuit, à l'exception des instans où il
allait chercher sa nourriture; instant où
on le voyait courir de toutes ses forces, en
venant à la chaumière ou en retournant à
la caverne.

Le Chien du Soldat.

Le fait suivant s'est passé dans les environs de Toulouse. Un militaire, revenant d'Espagne, chargé de butin, était si content de posséder tant de trésors, qu'il faisait part de sa joie à tout le monde dans l'auberge où il était. L'hôtesse le fit appeler pour l'avertir de son imprudence : « Je ne saurais répondre, dit-elle, des personnes qui sont chez moi; elles peuvent être honnêtes, il peut aussi se trouver des brigands parmi elles. » — « Bah ! dit le militaire, avec mon chien je ne crains rien; si l'on vient nous attaquer, lui et moi, nous nous tirerons bien d'affaire. »

Il se lève très matin et part. A un quart de lieue de la ville, trois hommes l'arrêtent; il est poignardé avant d'avoir pu se mettre en défense. Quand son chien le voit baigné dans son sang, il s'acharne après l'assassin, le terrasse et l'étrangle. Ses deux complices, effrayés, montent sur un arbre, espérant que le chien leur laisserait bientôt la carrière libre; ils se

trompèrent. Le jour paraissait lorsque des
gendarmes passèrent; ils entendent crier
au secours; ils trouvent un chien qui aboie
avec fureur, deux hommes perchés sur
un arbre, et qui prétendent que ce chien
est enragé; mais ce chien enragé n'en voulait qu'à eux; on leur ordonne de descendre; ils le font : les gendarmes découvrent
des traces de sang; les complices prétendent qu'elles viennent des blessures que
le chien leur a faites. Cet animal voulait
toujours les attaquer; sur cet indice et
quelques autres soupçons, on les arrête.
A vingt pas de l'arbre, on rencontre deux
corps morts; le chien fidèle court à son
maître, le caresse, et se met ensuite à
aboyer avec plus de violence qu'il n'avait
encore fait. Les gendarmes visitent le cadavre du militaire : il avait été blessé dans le
cœur d'un coup de poignard qu'on trouva
tout sanglant. L'autre cadavre portait des
marques de sa défaite par le chien. On
amène les coupables et le chien à Toulouse; il n'y avait que lui pour témoin, mais
cette preuve a suffi. Le chien était très
doux; il se laissait caresser par tout le

monde, et n'entrait en fureur que lorsqu'on lui présentait les assassins de son
maître. Sur cette preuve souvent réitérée,
les deux scélérats ont été condamnés à
mort ; ils ont fini par avouer leur crime.

Le Chien crotteur.

A la porte de l'hôtel Nivernais vivait un
petit décroteur, ayant un grand barbet
noir dont le talent particulier était de lui
procurer de l'ouvrage. Ce barbet trempait
dans le ruisseau ses grosses pattes velues,
et venait les poser sur les souliers du premier passant. Le décrotteur, empressé de
réparer le dommage, présentait la selle :
« Monsieur, décrotter là ! » Tant qu'il
était occupé, le chien s'asseyait paisiblement à côté de lui. Il aurait été inutile
alors d'aller crotter un autre passant ; mais
dès que la sellette était libre, ce petit jeu
recommençait.

L'esprit du chien, et la gentillesse de
son jeune maître, qui se rendait serviable
aux domestiques, donnèrent à l'un et à
l'autre, dans la cour de l'hôtel et dans la

cuisine, une utile célébrité qui, de bouche en bouche, monta jusqu'au salon.
Un Anglais illustre s'y trouvait. Il demande à voir le maître et le chien; on les
fait monter. Il se passionne pour l'animal,
veut l'acheter, en offre dix louis, quinze
louis. Les quinze louis tentent l'enfant,
ébloui d'ailleurs par tant de grands personnages. Le chien est vendu, livré, enchaîné, mis le lendemain dans une chaise
de poste, embarqué à Calais, et il arrive
à Londres. Son maître le pleurait avec une
tendresse mêlée de quelques remords.

Joie inespérée! le quinzième jour le
chien arrive à la porte de l'hôtel Nivernais,
plus crotté que jamais, et crottant encore
mieux les passans.

Obligé de descendre plusieurs fois pendant la route, il avait observé qu'on s'é-
loignait de Paris dans une voiture, en suivant une certaine direction; qu'on s'em-
barquait ensuite sur un paquebot, et
qu'une troisième voiture menait de Douvres à Londres. La plupart de ces voitures
étaient des chaises de renvoi. Le chien, re-
tourné de chez son acquéreur au bureau

8*

du départ, en avoit suivi une, peut-être
la même, qui prenait en effet, et en sens
opposé, la route par laquelle elle était venue. Elle l'avait conduit à Douvres. Il
avait attendu le même paquebot sur lequel
il avait déjà passé; et, descendu à Calais,
il avait suivi pareillement la même voiture
qui l'avait amené. Toutes ses promenades
précédentes lui avaient donné la théorie
qu'après avoir bien marché pour aller
quelque part, il fallait retourner sur ses
pas pour revenir au gîte; et le gîte était à
côté de son jeune maître.

« J'ai connu ce chien, dit M. Dupont
de Nemours; et son aventure a laissé des
souvenirs chez les habitans de la rue de
Tournon. »

Le Chien du Layon.

Il est arrivé dans le voisinage de Châlonne, département de Maine-et-Loire,
un évènement dont le récit fournit une
nouvelle preuve de l'attachement des chiens
pour leur maître, de leur courage et de
leur intelligence dans un moment de danger.

Un marchand, nommé Lambert, âgé
de soixante ans, venait d'un bourg appelé
Gonnord, à trois ou quatre lieues de Châlonne, conduisant devant lui deux chevaux
chargés ; il était monté sur un troisième,
et accompagné de son chien, qui gardait
ordinairement ses chevaux et ses marchan-
dises pendant qu'il vaquait à ses affaires.

Entre Chaudefont et Châlonne, vers un
endroit nommé la *Pierre-Saint-Norille*,
est un sentier resserré d'un côté par une
colline, et de l'autre par le *Layon*. Cette
rivière était débordée lorsque le marchand
s'y présenta. Les deux chevaux chargés
passèrent sans accident ; le troisième fit
un faux-pas, et entraîna le cavalier dans
sa chute. Aussitôt le chien se jette à la
nage, saisit son maître par une mauvaise
ceinture nouée autour de son gilet, l'attire
vers la terre, et l'aurait infailliblement
sauvé, si l'étoffe eût pu résister à ses efforts ; mais elle se rompit lorsqu'il touchait le rivage : un misérable lambeau fut
tout le fruit de sa peine. Il le dépose
promptement sur le sable, et court se rejeter à l'eau. Il était déjà trop tard : Lam-

bert avait disparu au moment même où
la ceinture s'était brisée.

Tout entier au danger dans lequel il voit
son maître, et menacé de la perte la plus
sensible, le fidèle animal n'a pas perdu
l'idée de ses devoirs; il songe que les deux
premiers chevaux poursuivent leur chemin sans défenseur et sans guide; il se
souvient qu'étant confiés à sa garde, il en
est en quelque sorte responsable; il vole à
leur rencontre si précipitamment, et les
arrête d'une manière si brusque, que l'un
d'eux, effrayé, bronche, tombe sous le
faix, et reste sur la place près de succom-
ber. Cet accident devient pour le pauvre
chien un surcroît de malheur; rien ne
peut exprimer son angoisse. Il n'avait voulu
que retenir les chevaux, pour se livrer
sans distraction et sans réserve à la recherche de son maître; sa présence est devenue
nécessaire près de celui qui s'est abattu;
il voudrait le remettre sur pied; il l'excite,
l'aboie, le quitte un moment, revient à la
charge, s'agite dans la plus pénible irréso-
lution; il voudrait être partout. Incapable de prendre un parti, il gémit, il hurle,

il court cent fois en un moment de ses chevaux à la rivière, et de la rivière à ses chevaux : jamais on ne vit un embarras plus
touchant, une sollicitude plus active.

Un jeune homme allant vers Chaudefont, en fut quelque tems le témoin. Il
voulut relever le cheval qui succombait
sous la charge; le chien, accoutumé à ne
laisser approcher que des personnes de
connaissance, l'obligea à s'éloigner. Arrivé
à Chaudefont, où Lambert s'arrêtait quelquefois, le voyageur raconte ce qu'il a vu;
on se doute du fait, on se transporte sur le
lieu.

Quand le chien reconnut les amis de
son maître, il se hâta de les mener sur le
rivage où il avait péri, leur montra le lambeau de la ceinture, et se mit à hurler de
la manière la plus expressive, ce qui servit d'indication pour la recherche de ce
malheureux dont la destinée ne fut plus
révoquée en doute.

On releva le cheval, et on le conduisit,
ainsi que l'autre, vers Chaudefont. Le
chien les suivit tristement, non sans tourner plus d'une fois ses regards vers le ri-

vage fatal. Il y fit plusieurs tours pendant
la nuit et lendemain, jusqu'au moment où
les fils de Lambert étant arrivés, l'emmenèrent avec eux. Ils continuent le commerce de leur père : chaque fois qu'ils
viennent à Châlonne, leur chien les accompagne ; et l'on assure qu'il ne manque
jamais de s'arrêter et de hurler à l'endroit
où il a perdu son maître.

César.

Le trait suivant étonnera par la réflexion et le sentiment qu'il suppose. Un
habitant de Lyon vint voir un de ses amis,
M. Tramblin, marchand de tableaux à
Paris. A son départ, celui-ci lui donna un
superbe chien nommé *César*, dont il voulait se débarrasser depuis long-tems, sans
pouvoir en venir à bout, parce que le
chien quittait toujours ses nouveaux maîtres pour revenir chez celui qui l'avait
élevé. Cette fois il se crut quitte d'une
nouvelle visite, l'ayant placé si loin. Effectivement *César* ne revint plus chez lui;
mais un jour, en traversant le Pont-Neuf,
M. Tramblin se sentit mordre à la jambe,

et reconnut son chien ; en vain il l'appela,
César s'éloigna en aboyant et ne reparut
plus. Dans le même tems le Lyonnais écrivit
à son ami que son chien avait saisi le premier moment où on l'avait laissé libre, pour
quitter la maison. M. Tramblin, qui avait
douté quelque tems que ce fût véritable-
ment *César* qui l'eût mordu, en fut alors
persuadé. Ce trait le charma tellement,
qu'il retourna plusieurs jours de suite sur
le Pont-Neuf, espérant retrouver son chien
et se promettant bien de ne plus le donner.
Mais quelle fut sa surprise quand il apprit
que *César* était revenu chez son ami à Lyon,
où il vivait en toute liberté, sans songer à
s'éloigner de la maison! Ce trait me paraîtrait
incroyable, si je ne l'avais entendu raconter et attester par des personnes dignes de
foi. Cependant il existe d'autres traits semblables. J'ai ouï certifier, dit le traducteur
de Pline, qu'un chien danois appartenant à M. Lambert, libraire-imprimeur à
Paris, et qu'il avait donné à un seigneur
étranger, était revenu à son premier maître, de l'extrémité de l'Allemagne.

Les Anciens nous ont conservé des traits

de ce genre. Terentius Varron rapporte
qu'Aufidius-Pontianus d'Amiternum était
convenu, en achetant des troupeaux de
brebis, au fond de l'Ombrie, que les
chiens seraient compris dans la vente, et
que les bergers ne quitteraient point les
troupeaux, qu'ils ne les eussent conduits
aux bois de Métaponte. Les bergers s'en
retournèrent en conséquence chez eux,
après les avoir conduits au lieu convenu;
mais peu de jours après, les chiens, regrettant leurs premiers maîtres, allèrent
d'eux-mêmes les rejoindre en Ombrie.

Le Chien jeûneur.

J'ai vu, dit l'auteur des *Conjectures physiques*, un chien qui jeûnait tous les dimanches jusqu'à quatre heures du soir,
sans qu'on pût lui faire manger quelque
chose que ce fût. On trouva, après y
avoir fait attention, la raison de cette so-
briété singulière. Une personne qui ne
manquait jamais ce jour-là de venir vers
les quatre heures à la maison, lui appor-
tait des amandes lisses dont il était très

friand, et lui en donnait tant qu'il en pouvait manger. Il ne voulait pas sans doute gâter ce bon repas par toute autre chose.

Le Chien accusateur.

M. Delaplace, dans ses *Pièces intéressantes*, raconte cette aventure extraordinaire, tirée des papiers anglais de 1748.

Un gentilhomme allant voir un de ses amis dans les environs de Coventry, dans le comté de Warwick, n'en était plus qu'à quelques milles, lorsque traversant un bois qui est sur la route, il se vit arrêté par un évènement des plus tristes. Un grand et vigoureux dogue, qui l'accompagnait toujours dans ses voyages, s'étant écarté du grand chemin, son maître l'entendit hurler d'une manière épouvantable. Augurant alors quelque chose d'extraordinaire, et désirant s'en éclaircir, il quitte le grand chemin, s'enfonce dans le bois, s'avance du côté où il entend la voix de son chien, et trouve cet animal flairant et léchant le visage d'une jeune fille qui nageait dans son sang. A ce spectacle, le sentiment de la pitié le précipite à bas de son cheval, pour voir s'il restait quelque espoir de la secourir ; mais la trouvant absolument morte de plusieurs coups de couteau dans le sein, il reprend sa route en soupirant, et en se promettant, s'il est assez heureux pour rencontrer l'assassin, de le livrer à la justice.

A peine avait-il fait quelques centaines de pas, qu'il est tout-à-coup arrêté par les cris perçans d'un homme qu'il semblait que quelque bête féroce allât dévorer. Il se retourne pour voir si son chien le suit, et ne l'aperçoit point. Il l'appelle de nouveau, et le chien ne lui répond qu'en grondant d'une manière effrayante, comme font ces animaux lorsqu'ils tiennent une proie qui semble vouloir leur échapper. Le gentilhomme vole au bruit, et trouve son dogue aux prises avec un homme assez bien mis, qu'il était sur le point d'étrangler. Celui-ci ne s'était préservé de ce malheur, qu'en garantissant son cou avec ses mains et ses bras que l'animal furieux déchirait à belles dents. Le sang qui en découlait de tous côtés, avait mis ce

malheureux dans un état à faire compas-
sion. Le gentilhomme appelle à grands cris
son chien. A force de caresses et de coups,
il parvient à lui faire lâcher prise.

Le gentilhomme connaissait trop la
bonté de son chien pour ne pas imaginer
qu'il y avait dans cette seconde aventure
quelque chose de plus singulier encore que
dans la première, et de là naissent dans
son esprit les plus violens soupçons. Mais
loin de les laisser apercevoir à celui qu'il
a sauvé du danger, il tâche même de le
consoler du malheur qui vient de lui arriver, en lui faisant toutes ses excuses,
en bandant ses plaies qu'il veut, dit-il,
faire guérir à ses dépens, et l'engage,
pour cet effet, à l'accompagner jusqu'au
plus prochain village. « Vous risqueriez,
ajoute-t-il, sans cela de vous voir assailli
de nouveau par ce redoutable animal, ce
que vous n'aurez pas à craindre tant que
nous marcherons ensemble. »

Arrivés dans l'hôtellerie, sans pourtant
que le dogue eût cessé un instant de
garder son homme à vue, le gentilhomme
demande le chirurgien du lieu, et appre-

nant qu'il n'y en avait point, sous prétexte d'en aller chercher un à quelques
milles de là, il monte à cheval, en re-
commandant à l'hôte de ne pas perdre de
vue le blessé, et revient une demi-heure
après, avec un constable, accompagné
d'une troupe d'archers. A la première vue,
le constable et le blessé sont aussi surpris
et consternés l'un que l'autre. « Vous mo-
quez-vous de moi, monsieur, dit le premier au gentilhomme, de vouloir me faire
arrêter monsieur comme un criminel? Je
le connais pour un brave et honnête homme; il est de mes voisins, et même de mes
amis. — Quand ce serait votre parent, je
vous le dénonce comme l'auteur d'un
meurtre qui vient d'être commis dans un
bois par lequel je viens de passer.... Ainsi
faites votre devoir. »

On peut se figurer quelle était la situation du blessé, en entendant ce discours. Flottant entre la crainte et l'es-
pérance, incertain de savoir qui l'empor-
terait du gentilhomme ou du constable,
il se voyait précisément entre la vie et la
mort. Mais un éclaircissement termina le

débat. Le chien ne cessait de flairer la poche de l'habit du blessé; le gentilhomme
fouille dans cette poche, où il trouve un
mouchoir et un couteau ensanglantés :
« Juste ciel ! s'écrie le constable, c'est un
des mouchoirs de ma fille !.... Ah ! malheureux, aurais-tu été assez scélérat pour
l'avoir assassinée? Je te dis hier qu'elle devait porter cinquante guinées à un de mes
créanciers..... — Votre fille ! interrompit
le gentilhomme, de quel âge, de quelle
taille, de quelle figure est-elle, et comment
était-elle mise? « Le constable ayant ré-
pondu à toutes ces questions : « N'en dou-
tez plus, dit le dénonciateur, c'est la personne même que je viens de trouver égor-
gée dans le bois. Voulez-vous vous en assurer mieux encore? Qu'on le fouille partout,
et je gage qu'on trouvera sur lui les cinquante guinées. »

Autant le constable avait été sourd à la
première réquisition du gentilhomme, autant fut-il actif, dès les premiers mots de
cette proposition. Lui - même fouille le
blessé, sur lequel se trouvèrent en effet les
cinquante guinées enveloppées dans un

petit sachet qu'avait fait le père de la pauvre fille. Le coupable est aussitôt chargé de chaînes ; on se transporte dans le bois où s'était commis le forfait. Quel spectacle pour un père ; à la vue d'une fille chérie, noyée dans son sang , et le sein percé de coups de couteau !

Alors le cadavre est porté à l'hôtellerie , et confronté publiquement avec le prisonnier, qui non seulement avoue son crime, mais admire, ainsi que les assistans, la justice divine , qui a permis qu'il n'en portât pas loin la peine, en le faisant découvrir et arrêter par un animal aussi intelligent que furieux , et qui semblait ne lui avoir laissé la vie que pour que son supplice servit d'exemple et d'instruction aux autres.

Chiens rancuneux.

Le *Dictionnaire encyclopédique* rapporte qu'un chanoine et un chien eurent une grande querelle ensemble ; le chien mordit le chanoine, qui pissait devant la porte de son maître ; le chanoine battit cet animal à coups de canne. Les voies de fait ayant été défendues aux parties, le chien ne sut se mieux venger, qu'en contrefaisant à l'église la voix du chanoine, qui était aigre et fort désagréable. Toutes les fêtes et dimanches, le chien ne manquait jamais d'aller à l'église avec son maître, et aussitôt que son ennemi chantait, il hurlait de toute sa force, à peu près sur le même ton, et cessait de le faire dès que le chanoine ne chantait plus; celui-ci s'en plaignit au maître du chien, qui lui promit de l'enfermer quand il irait à la messe ou à vêpres; il tint parole, et en entrant à l'église, il dit au chanoine: « Vous ne vous plaindrez pas de mon chien aujourd'hui, car je l'ai enfermé; » mais cet animal chercha les moyens de s'échapper; il sauta par une fenêtre qu'il trouva ouverte, et courut se mettre sous un banc dans l'église, sans que l'on s'en fût aperçu : tant que le chanoine ne chanta point, le chien ne dit mot; mais dès qu'il eut entonné un psaume, le chien hurla de toute sa force. Le chanoine fit assigner le maître, prétendant qu'il avait part aux insolences de son caniche, et conclut aux réparations. L'on en rit à l'audience, et les parties furent renvoyées hors de cour. Ce procès risible eut lieu à Amiens. M. de Feugré raconte qu'ayant fait l'amputation d'une patte à *Matapan*, chien caniche appartenant à M. D'halmont, chef d'escadron de la gendarmerie, cet animal qui, avant son accident, avait coutume de lui faire accueil comme à un ami de son maître, ne se laissa jamais approcher par ce célèbre artiste-vétérinaire, depuis l'opération douloureuse qu'il lui avait fait endurer.

J'ai vu chez le directeur des postes à Fontainebleau un chien appelé *Zozo*, qui avait une aversion déterminée pour un conducteur de diligence, au point qu'il ne pouvait le voir sans chercher à lui mordre les jambes : on présume qu'il en avait reçu quelque mauvais traitement. Le directeur fit un voyage, et ce fut l'homme en question qui conduisit la voiture. *Zozo* tombe sous les pieds du cheval et reçoit un coup qui le meurtrit. Le conducteur ramasse aussitôt, et malgré le mauvais accueil qu'il en recevait journellement, il en prend un soin extrême. Depuis ce moment *Zozo*, oubliant toute rancune, témoigna autant d'amitié à cet homme qu'il lui avait montré d'aversion auparavant.

Ce même chien s'avisa un jour de poursuivre un lièvre dans la forêt de Fontainebleau; un garde-chasse sans pitié lâcha un coup de fusil chargé à petit plomb sur notre petit braconnier à quatre pattes. *Zozo* blessé revint tout penaud à la maison, saignant et boitant, il en fut très malade pendant huit jours; néanmoins il guérit. Depuis ce tems-là il ne rencontre pas un garde-chasse, qu'il n'aboie après lui avec colère; il les reconnaît à l'habit d'uniforme et ne s'y trompe jamais.

Le Chien du duc d'Orléans.

Le duc d'Orléans, régent du royaume, avait un chien danois d'une espèce rare. Ce sage animal, comme s'il eût appréhendé de détourner son maître des soins importans qui l'occupaient, ne le voyait qu'une fois le jour. Il se rendait tous les

matins à la porte de son cabinet, y grat-
tait modestement avec la patte, sans
aboyer ni se faire entendre autrement ;
et après avoir reçu quelques caresses du
prince, il traversait, en s'en retournant,
d'un air fier et la tête haute, les salles remplies de courtisans, comme s'il eût senti le
prix des faveurs dont il sortait comblé. Si,
au contraire, on ne lui ouvrait point, il
se retirait également, mais la tête basse,
confus et chagrin de n'avoir pu obtenir
audience.

Le Chien de Charenton.

Un chien ayant coutume d'aller régulièrement tous les dimanches à Charenton, près Paris, avec son maître, fut
un jour laissé au logis, ce qui ne lui plut
nullement. Il imagina que ce n'était que
pour cette fois qu'on lui jouait ce tour,
et il prit patience. Comme le dimanche
suivant, on le renferma de nouveau, il
comprit bien que c'était un parti pris, et
qu'on ne voulait point de sa compagnie ;
il prit si bien ses précautions, qu'on ne le
rattrapa point une troisième fois. Que fit-il ?

Il partit de Paris, dès le samedi au soir,
et alla attendre son maître à Charenton,
qui l'y trouva à son arrivée, et apprit qu'effectivement il y était dès la veille. Un
homme pourrait-il mieux raisonner?

Le Chien du roi de Danemarck.

Lodbroc, roi de Danemarck, fut assas-
siné par un certain Bern, fauconnier du
roi Édouard, qui le tua et l'enterra en
secret. Le meurtre fut ensuite découvert
par un chien courant qui appartenait à
Lodbroc, et qui ne quittait le corps de
son maître que lorsqu'il était pressé par
la faim, et seulement pour la satisfaire.
Ce chien caressait le successeur de Lodbroc et les gens de la cour, toutes les fois
qu'il était forcé de les voir. Comme on
le connaissait pour avoir appartenu à Lodbroc, il fut observé et suivi jusqu'à l'endroit où était le corps de son maître. Bern
fut découvert pour le meurtrier du roi,
par la manière dont le chien le traitait
toutes les fois qu'il le voyait; beaucoup
d'autres circonstances donnèrent la con-

viction de son crime, et cet assassin fut
condamné à être mis à la mer dans un
vaisseau sans voiles et sans rames, et à
être ainsi laissé à la merci des vagues.

Pope dans ses lettres, et le chevalier
de Warwick dans ses mémoires, rapportent que Christian I*, roi de Danemarck, fut abandonné, dans un instant
très critique, par tous ses amis et par
tous ses courtisans ; tandis que son chien
seul, nommé *Wildbrat*, demeura auprès
de sa personne. Ce contraste de la fidélité du chien avec l'ingratitude des hommes
dont Christian avait été le bienfaiteur, fit
une telle impression sur le monarque,
qu'il consacra ce fait par les lettres ini-
tiales suivantes, gravées dans la décoration
de l'ordre le plus distingué du Danemarck,
T. I. W. B., qui, dans la langue du pays,
signifient en abrégé, *Wildbrat fut fidèle*.

Le Chien du collège de la Flèche.

Différens manufacturiers se servent de
chiens pour tourner leurs roues, et autrefois on plaçait également des chiens dans

des roues qui faisaient tourner les broches
des cuisines. Voici un fait arrivé au collége
de la Flèche, et rapporté par Hart-Soëker,
dans ses *Conjectures physiques*. Le cuisinier ayant un jour garni ses broches pour
faire cuire son souper, ne trouva point
dans la cuisine le chien qui devait tourner
ce jour-là. Il le chercha et il l'appela inutilement de tous côtés ; tandis qu'un de
ses camarades , qui n'était point de service se tenait étendu nonchalamment devant le feu; au défaut du premier, le maître voulut faire tourner celui qui se trouvait sous sa main; mais il en fut très mal
accueilli; après quelques grognemens, le
chien le mordit et prit la fuite. L'homme
resta étonné de ce mauvais traitement de
la part d'un animal fort doux , et qui l'aimait beaucoup : la plaie était profonde,
saignante, et méritait qu'on y mît un appareil. Tandis que cet homme était occupé
de cet objet , il entendit des aboiemens
réitérés; c'était le chien qui venait de s'enfuir, et qui poursuivait à coups de dents
celui qui devait travailler, et l'amenait à
son poste. Il était allé le chercher dans le

parc, et l'ayant trouvé, il le pourchassait devant lui, en le conduisant à la cuisine, où il ne se fit pas prier pour monter dans la roue.

Le chien protecteur.

Un médecin revenant du théâtre, voit beaucoup de monde rassemblé devant le corps-de-garde Saint-Martin; il entre par curiosité, et trouve au nombre de quelques personnes ivres qu'on venait d'arrêter, un ami qu'il n'avait pas vu depuis plusieurs années. Celui-ci lui demande son adresse; il tire, pour la lui donner, son porte-feuille, dans lequel il avait 500 liv. sterl. de billets de banque. Deux hommes qui s'en étaient aperçus, le suivent. Chemin faisant, le médecin se sent plusieurs fois frotter la main par le museau d'un gros dogue de Terre-Neuve, qui ne cesse de sauter, et qui s'attache à lui. Arrivé dans Grosvenor-Square (il demeurait en Parc-Lane), les deux hommes qui l'avaient toujours suivi, sautent sur lui, le saisissent au collet, et lui demandent son porte-feuille. Mais le chien, aussi prompt qu'eux, s'élance sur mes deux coquins, blesse l'un grièvement à la jambe, et les force tous deux à s'enfuir. Le dogue poursuit son chemin avec celui qu'il a sauvé, arrive à la maison du docteur, attend sur le pas de la porte qu'on ait ouvert au maître. Celui-ci, plein d'admiration, veut faire entrer ce généreux animal; le dogue s'y refuse avec tant d'opiniâtreté, qu'on est obligé de fermer la porte; un moment après, le médecin la fait ouvrir, le dogue avait disparu. Il attribua au hasard l'heureuse rencontre de ce chien qui l'avait secouru avec tant de courage et de désintéressement; mais quelle fut sa surprise quand il retrouva le lendemain, dans ce dogue, le chien de l'ami à qui il avait donné son adresse au corps-de-garde. Il ne douta pas alors que l'animal ayant entendu le complot des deux voleurs, ne l'eût suivi dans l'intention de servir d'escorte à l'ami de son maître, et de le défendre contre ceux qui avaient formé le projet de le voler.

Le Chien obéissant.

A Andrezy, près Poissy, M. le comte de Boissier avait, en 1774, un dogue très-redoutable aux inconnus, très soumis au maître, et ne l'étant qu'à lui. Lorsqu'un ami venait passer quelques jours dans cette campagne, il y avait du danger à traverser la cour pendant la soirée ou dans la nuit.

Avant de lâcher le chien, M. de Boissier le faisait venir, lui montrait l'étranger, et lui disait : « *Pluton*, Monsieur est de mes amis ; respectez-le. » Alors la sûreté de l'individu était parfaite ; et, sans cette petite harangue, il aurait été déchiré.

Quand M. de Boissier faisait un voyage, il mettait vis-à-vis l'un de l'autre son principal agent et son chien, auquel il donnait cette consigne : « *Pluton*, Monsieur me représente en mon absence ; vous lui obéirez. » Le chien obéissait au substitut comme au maître. Mais le lendemain du retour, le ci-devant délégué n'avait plus sur lui aucune autorité, et aurait tenté en vain de le commander ou de le retenir.

Chiens parlans.

Un soldat allemand, du régiment de Wartenslben, avait un chien des plus communs, qui grondait quand on le touchait. Son maître, profitant de cette habitude, lui tenait d'une main la mâchoire d'en haut, et de l'autre celle d'en bas; et pendant que l'animal grondait, il lui pressait de différentes manières, tantôt l'une, tantôt l'autre mâchoire, et souvent toutes les deux, ce qui faisait faire diverses contorsions à la gueule du chien, et en même tems lui faisait prononcer des paroles plus ou moins distinctes, selon que le maître pressait les mâchoires avec plus ou moins de justesse : il lui faisait dire ainsi une soixantaine de mots; mais jamais il ne prononçait plus de quatre syllabes de suite. *Elisabeth* était de tous les mots celui qu'il prononçait le mieux. Son maître avait employé six ans à amener son chien au point où il en était.

Leibnitz a vu auprès de Zeitz, dans la Misnie, un chien qui parlait naturellement, c'est-à-dire sans qu'on employât

aucun moyen pour le faire prononcer.
C'était un chien de paysan, d'une figure
des plus communes, et de grandeur mé-
diocre. Un jeune enfant lui entendit pousser quelques sons, qu'il crut ressembler à
des mots allemands, et sur cela il se mit
en tête de lui apprendre à parler. Le maître, qui n'avait rien de mieux à faire, n'y
épargna point le tems ni les peines. Le
chien avait environ trois ans quand il commença ; au bout de deux ans, il prononçait environ une trentaine de mots.

Un lieutenant-colonel au service de Pologne, avait une petite chienne nommée
Zémire, qui riait aux éclats quand elle voulait exprimer sa joie ; ce qui est d'autant
plus étonnant, que les animaux ne rient
jamais. Cet officier demeurait à Argenteuil.
Sa chienne mourut dans ce village ; il lui
fit ériger un petit monument décoré d'une
épitaphe.

Le chien défenseur.

Le célèbre Huet, évêque d'Avranches,
rapporte le trait suivant, qui prouve que
le chien sait distinguer et secourir l'op-

primé. Dans un village situé entre Caen et Vire, sur la lisière du canton qu'on appelle le Bocage, un paysan d'un méchant caractère, maltraitait souvent sa femme au point que les voisins étaient quelquefois obligés, par les cris de cette dernière, de venir mettre le *holà*. Après s'être déterminé à se défaire de sa femme, cet homme feignit de changer de sentimens à son égard: il se conduisit mieux que jamais avec elle, et dans les jours de loisir, il lui procurait des promenades et des parties de plaisir.

Un jour d'été qu'il faisait une grande chaleur, l'ayant amenée se reposer sur le bord d'une fontaine, sous prétexte d'être fort altéré, il se couche de son long sur le ventre, se désaltère à longs traits, vante la fraîcheur de l'eau, et propose à sa femme d'en faire autant. A peine la voit-il étendue sur le bord de la fontaine, qu'il se jette sur elle, et lui plonge la tête dans l'eau pour la noyer. La pauvre femme se défendait de son mieux pour sauver sa vie; mais elle aurait enfin succombé, sans le secours de son chien, que le mari n'avait pas songé à renfermer à la maison. Ce courageux animal, voyant la violence que son maître fait à sa femme, se jette sur lui, le prend à la gorge, lui fait lâcher prise, et sauve la vie à sa maîtresse.

On lit dans Pline, que Cosingis, femme de Nicomède, roi de Bythinie, jouant indiscrètement avec son mari, le chien du monarque, qui était de race melosse, se jeta sur elle, croyant qu'elle attaquait sérieusement le roi, et par une cruelle morsure, il lui enleva l'épaule droite.

Chiens célèbres de la révolution.

On se souviendra long-tems que pendant que la Convention gouvernait la France, il fallait se lever dès trois heures du matin, et attendre, au milieu des boues ou des neiges, un peu de subsistance, ainsi que des mendians, aux portes des boulangers et des bouchers. Le malheureux qui passait une partie de la nuit à la belle étoile, n'était pas encore sûr d'avoir sa ration à onze heures du matin; et souvent il s'en revenait chez lui les mains

vides, les membres brisés, le ventre creux,
et tout morfondu. Au milieu d'une foule
de gens pressés par mille besoins, et s'é-
crasant l'un l'autre sans nulle pitié, un
rentier vieux et malade se trouvait toujours écarté par les plus forts; il eut recours à son chien : il lui attachait un petit sac noir au cou, mettait dedans la carte
au pain et la carte à la viande, et l'envoyait
chercher la ration. Tout ce monde, rassemblé aux portes des bouchers et des
boulangers, se mettait à la queue les uns
des autres pour arriver chacun à son tour
à la porte du marchand; mais notre petit
chien commissionnaire, à qui on avait
donné le nom de *Laqueue*, passait aisément entre les jambes des hommes et des
femmes; il se glissait subtilement dans la
boutique; puis il allait gratter la jupe de
la bouchère affairée, se dressait sur deux
pattes, la saluait d'une façon toute gen-
tille, et fixant ainsi son attention, il indi-
quait assez clairement l'objet de son message.

Les marchands, qui connaissaient la
probité, la vertu et la détresse peu méri-

tée du rentier, favorisaient un peu son petit serviteur. On mettait aussitôt au fond
du sachet la demi-livre de viande, portion
assignée à chaque individu pour cinq jours.
De son côté, le commissaire qui présidait
à ces distributions, coupait, en souriant,
le feuilleton de la carte; puis on congé-
diait *Laqueue*, quelquefois avec la réjouis-
sance d'un bon os pour ronger à son retour près de son maître. Cet animal dispos
et fin repassait lestement par la même
route, sans qu'on s'en aperçût; il rapportait bien vite à la maison le petit lopin
pour faire un peu de bouillon; il retournait ensuite chercher le quarteron de pain
et l'once de riz, que le pauvre maître partageait encore de bon cœur avec *Laqueue*,
qui lui servait à la fois de garde-malade,
de pourvoyeur et d'ami.

De tout tems les chiens ont joué un rôle
dans les prisons. Ils furent souvent très
utiles aux Français emprisonnés en 1793.
On sait qu'on avait transformé en prisons
beaucoup d'édifices de Paris. Un des
moyens qu'on employa avec le plus de
succès au Luxembourg pour tromper les

yeux des Argus, fut le ministère d'un chien fidèle; cet animal s'insinuait tous les jours dans l'intérieur de cette prison, pénétrait jusqu'à la chambre de son maître, l'accablait de caresses, et semblait partager ses peines. Un jour surtout, ses démonstrations de joie parurent si multipliées, si importunes même, que le maître en parut inquiet; plus il s'obstinait à vouloir renvoyer son chien, plus l'animal redoublait de caresses; il sautait sur lui, pleurait, aboyait, et courbant la tête, il lui montrait son collier. Le maître le croit blessé, cherche partout, et ne lui trouvant aucune apparence de blessure, veut s'en débarrasser et le mettre à la porte. L'animal insiste toujours; enfin on lui ôte son collier. Aussitôt le chien saute de joie; il aboie encore, mais ce n'est plus de douleur. Le maître examine le collier, et y découvre un billet de son épouse; il répond par le même courrier, et chaque jour le fidèle commissionnaire facilitait à ce couple sensible la même correspondance. Tous les jours, à la même heure, on le voyait arriver et sortir avec son invisible message; et tel était l'instinct de cet animal, qu'il ne se laissait toucher ni même aborder par aucun guichetier : il les eût étranglés plutôt que de souffrir leur approche.

Cependant on eut connaissance du stratagême, et il fut défendu de laisser pénétrer les chiens. Un autre animal en fut la victime. Son maître prenait l'air à l'une des fenêtres du Luxembourg; le chien, qui était au jardin, le reconnaît; aussitôt il saute, il court, il aboie; il fait le tour des palissades, cherche une ouverture pour parvenir jusqu'à son maître. La sentinelle exécutant strictement sa consigne, lui oppose sa pique, et veut l'éloigner des palissades. L'animal redouble d'ardeur; il furète de tous les côtés; partout il trouve des obstacles : le plaisir, l'impatience et la joie le faisaient bondir. Arrive sur ces entrefaites le général Henriot, qui s'aperçoit des vives démonstrations du chien : il interroge la sentinelle, qui lui répond qu'elle croit l'animal enragé. Alors le commandant-général de Paris enfonce son chapeau sur sa tête, et met le sabre à la main. Deux de ses valeureux aides-de-camp suivent son exemple, et les voilà tous trois guerroyant contre le chien; ils l'atteignent, le frappent, et l'animal tombe baigné dans son sang, sous les yeux de son maître, vers lequel il tournait ses regards mourans.

On demandait au poète Crébillon, pourquoi il était toujours entouré d'une meute de chiens? *C'est*, dit-il, *parce que je connais les hommes.* Qu'eût-il dit s'il eût vécu dans les tems dont je parle!

Un autre prisonnier avait deux enfans en bas âge qui allaient le voir tous les jours; ils n'avaient d'autre conducteur que le chien de la maison, qui leur servait de Mentor dans leur voyage. Il veillait sur eux, avait soin de les faire éloigner des voitures, faisait écarter les passans, et les ramenait toujours par le même chemin, sans qu'ils eussent jamais éprouvé le moindre accident.

M. *Blanchard*, commissaire des guerres, ayant été incarcéré aux Madelonnettes, il racontait à ses compagnons d'infortune les causes de son arrestation, et dans son récit il ne pouvait s'empêcher de verser des larmes de sang, en prononçant les noms de son épouse et de ses deux filles. Philippine et Amélie! s'écriait-il, je ne vous verrai donc plus! Son chien, qu'il avait amené avec lui, et qui l'avait suivi à l'armée et dans ses différens voyages, hurlait d'une manière douloureuse toutes les fois qu'il entendait prononcer ces noms chéris.

On lit dans les *Tableaux des prisons de Paris*, sous le régime révolutionnaire, que, parmi les chiens des guichetiers, il en était un distingué par sa taille, sa force et son intelligence. Ce Cerbère, nommé *Ravage*, était chargé pendant la nuit de la garde de la cour du Préau. Des prisonniers avaient, pour s'échapper, fait un trou; rien ne s'opposait plus à leur dessein, sinon la vigilance de *Ravage* et le bruit qu'il pouvait faire. Le chien se tait; mais le lendemain matin, on s'aperçut qu'on lui avait attaché à la queue un assignat de cent sous avec un petit billet où étaient écrits ces mots : *On peut corrompre* Ravage *avec un assignat de cent sous et un paquet de pieds de moutons*. Ravage, promenant et publiant ainsi son infamie, fut un peu décontenancé par les attroupemens qui se formèrent autour de lui, et les éclats de rire qui partaient de tous côtés. Il en fut quitte pour cette petite humiliation et quelques heures de cachot.

Madame *de la Chabeaussière* fut mise au secret dans une chambre destinée à servir de logement aux gardiens; elle fut obligée de coucher pendant quatre jours avec une chienne qui nourrissait six petits. Deux gardiens nommés Garnier et Desjardins, y couchèrent aussi les deux premières nuits; et, chose rare, ils eurent des égards pour cette dame. On lui laissa un chien nommé *Brillant*, d'un instinct surprenant, et qui fit sa seule consolation. Cet animal distinguait parfaitement les gardiens bienfaiteurs de sa maîtresse. Avait-elle besoin de quelque chose, elle disait à son chien : « Va chercher Garnier ou Desjardin. » *Brillant* allait chercher l'un des deux gardiens, lui sautait au cou, et ne le quittait pas qu'il ne vînt vers sa maîtresse. Ce chien avait contracté beaucoup d'aversion pour le concierge ; et comme il ne pouvait se venger sur lui des mauvais traitemens qu'il faisait essuyer à sa maîtresse, il se rejetait sur son chien : quoique beaucoup plus petit et plus faible, il lui livrait combat, et ne le quittait qu'après l'avoir terrassé.

Chez les Anciens, on trouve des exemples d'un dévouement sans bornes de la part des animaux. Solin fait mention du chien d'un nommé Sulpitius, qui ne quitta point son maître en prison. Il le suivit au supplice, en poussant des hurlemens effroyables. Quand il vit la tête tomber sous le tranchant de la hache, et le sang ruisseler, il entra en fureur, sauta sur le bourreau, et voulut le dévisager. Le corps ayant ensuite été jeté dans le Tibre, le chien s'y précipita avec lui.

Le Chien des Tombeaux.

Il n'y a pas long-tems qu'un être sensible et malheureux vivait à Londres au milieu des tombeaux. Cet émule d'Hervey était un chien fidèle qui, inconsolable de la perte de son maître, ne voulut pas le quitter, même après sa mort. Les voisins

du cimetière de Saint-Oclave ont été témoins de son dévouement, et la capitale à
été instruite de sa touchante histoire dont
les journaux ont recueilli les détails. Cet
animal, digne modèle des amis, n'avait
pas perdu de vue son maître pendant une
longue maladie : il le vit enfermer au cercueil, et l'accompagna à sa dernière demeure en poussant des cris lamentables.
Dès que la triste cérémonie fut achevée,
au lieu de suivre ceux qui l'appelaient, il
se réfugia dans une ouverture qu'offrait
un tombeau ruiné, près de l'endroit où
reposait son maître ; c'est ce trou, à peine
suffisant pour le contenir, qui devint sa
demeure. Fuyant tout commerce avec les
individus de son espèce, comme avec les
hommes, il restait dans sa demeure sépul-
crale, et n'en sortait que lorsqu'il y était
forcé par le besoin extrême de la faim. Il
ne souffrait cependant la lumière du jour
que le tems nécessaire pour aller tristement
à une maison voisine prendre les alimens
qu'on lui jetait. En vain essaya-t-on de le
faire sortir du cimetière ; il n'avait pas plus
tôt satisfait le besoin de la faim, qu'il re-

tournait à son poste chéri, et s'ensevelis-
sait de nouveau. Si, dans le passage de sa
triste demeure à la maison où il recevait
sa nourriture, il rencontrait quelques individus de son espèce, il ne faisait aucune
attention à eux, comme s'ils n'eussent pas
été ses semblables. Il avait rompu tout
lien social avec les vivans, pour ne vivre
qu'avec les morts. Cet animal vécut près
de dix ans au milieu des tombeaux. Ayant
enfin tardé à reparaître plus qu'à l'ordinaire, on alla le chercher dans sa retraite,
et on le trouva mort sur la pierre qui couvrait les cendres de son maître.

Chiens sauveurs.

Des milliers de personnes ont été sauvées
du trépas par leurs chiens. En 1616, le
pont Saint-Michel tomba. Un enfant, enseveli sous les ruines, se trouva heureusement à couvert sous deux poutres qui s'é-
taient croisées, et ne reçut aucune blessure. Un chien qui s'était trouvé à côté de
lui dans le tems du danger, en fut préservé comme lui. Ce chien, serré entre les

ruines qui l'empêchaient de sortir, aboya
de toute sa force, et attira par ses cris
quelques personnes qui le dégagèrent.
Ayant ainsi recouvré sa liberté, il s'en ré-
jouit d'abord; mais ne voyant point son
petit compagnon de malheur, il entra sous
les débris qui le cachaient, se remit à ja-
per, et vint enfin à bout de faire découvrir l'enfant.

Dans le mois de thermidor, an 12, le
chien de M. Drulin, de Pont-Saint-Maxen-
ce, retira du milieu de l'Oise un enfant qui
se noyait. Dans la même année, un bâtiment
autrichien périt dans le canal de Constantinople, et le capitaine fut sauvé par son
chien, qui le saisit par l'habit, le soutint sur
l'eau, et l'aida, en nageant, à gagner le rivage. Deux voituriers de Burgembach,
près Montmédy, étant tombés sans connaissance au milieu des neiges, le 18 fé-
vrier 1807, le chien qui les accompagnait,
courut aussitôt vers le village, aboyant
d'une manière lamentable après tous ceux
qu'il rencontrait sur la route, allant, venant, d'un air inquiet, montrant le chemin qu'il fallait prendre, ou le prenant

lui-même, tirant les uns par leurs vêtemens, se couchant aux pieds des autres ;
il réussit enfin, par ses mouvemens extraordinaires et ses cris continuels, à fixer
l'attention de plusieurs personnes, lesquelles, guidées par cet excellent animal,
le suivirent, et arivèrent à tems pour rappeler à la vie deux individus, qui, sans
de prompts secours, allaient infailliblement périr.

Pendant l'un des derniers incendies de
Péra à Constantinople, la maison d'un in-
terprète grec brûlait. Il avait, à l'aide de
plusieurs janissaires, sauvé presque tous
ses effets. Un de ses enfans au berceau
était resté oublié. On ne pouvait plus entrer ; tout était en feu : le malheureux
père, au désespoir, croyait son enfant la
proie des flammes. Tout-à-coup un très
gros chien qu'il avait paraît fuyant de la
maison, l'enfant à sa gueule ; il le tenait
par ses langes.

Le Mercure de 1781 rapporte l'histoire
d'une bergère des environs de Fontenay-
le-Comte, qui allait être dévorée par une

louve, et qui dut la vie au courage de sa chienne nommée *Bichonne*.

Le célèbre comédien anglais Dryden, attaqué par cinq brigands, dans un bois, échappa au danger par le courage d'un gros lévrier nommé *Dragon*, qu'il menait toujours avec lui. Cet animal occupa tellement les voleurs, que son maître eut le tems de s'évader ; il revint au secours de son chien avec quatre bûcherons qu'il avait rencontrés ; mais la bataille était finie ; deux des bandits étaient étendus morts, le troisième était blessé et hors de combat, et les deux autres avaient pris la fuite.

Le Chien compagnon d'un Lion.

Le directeur de la compagnie des Indes avait envoyé en France un lion du Sénégal, pris très jeune et élevé dans le pays avec un chien braque du même âge. Ces deux animaux, d'une espèce si différente et d'un caractère si opposé, s'étaient liés d'une affection mutuelle. Quand on transféra la ménagerie de Versailles à Paris, on mit le lion dans une cage qui servait à changer

les animaux de loge ; et son chien, attaché
à un des barreaux, le suivit dans la même
voiture et partagea ici sa nouvelle demeure. C'est là que nous avons vu le roi
des animaux prodiguer à son chien les plus
tendres caresses. Celui-ci les recevait et
les rendait sans crainte comme sans dé-
fiance : sa gaîté naturelle, son air franc
et ouvert tempéraient l'humeur grave et
sérieuse de l'animal terrible. Souvent il se
jetait sur sa crinière et lui mordait, en
jouant, les oreilles : le lion se prêtait à
ses jeux et baissait la tête. Souvent, à son
tour, il l'invitait lui-même à jouer, en se
mettant sur le dos et le serrant entre ses
pattes. La foule qui l'entourait, les objets
nouveaux qui passaient sans cesse devant
ses yeux, rien ne pouvait le distraire de la
société de son chien. Cherchait-il le repos?
c'était à ses côtés qu'il aimait à dormir à
son réveil, c'était encore lui qu'il voulait
revoir. Les repas seuls suspendaient un
moment cette intimité : alors chacun s'é-
cartait pour recevoir sa portion, et l'un
n'aurait osé attenter à la propriété de l'autre, pas même la convoiter des yeux :

pour se rapprocher, celui qui avait le plus
tôt achevé, attendait que l'autre eût fini;
et l'on pense bien que le lion était toujours le plus expéditif. Un jour, l'étour-
derie de l'homme qui les servait fit que
la portion de viande alla tomber sous le
nez du chien, et le pain sous la gueule
du lion. Celui-ci au même instant se tourne
vers son compagnon qui, montrant les
dents, lui défend d'approcher, et avale
sous ses yeux un dîner tel qu'il n'en avait
jamais fait de sa vie. Cette hardiesse de la
part du chien n'a rien qui étonne, quand
on considère que l'amitié de ces deux animaux s'était fortifiée de l'inégalité même,
de leurs forces, et que le plus faible avait
acquis en puissance morale tout ce que
l'autre avait perdu en forces physiques
pour n'être que son égal.

Mais il y avait dans leur attachement
mutuel, une nuance très remarquable,
et qui explique les caprices, les hu-
meurs de l'un, et l'inaltérable bonté de
l'autre. Indépendant sur la terre, sauvage et fier par instinct, maintenant so-
litaire et captif, le lion s'était associé un

ami. Il aimait l'ami pour l'ami même, et l'aimait uniquement. Egalement sensible, le chien aimait aussi ; mais avant de se donner au lion, la nature l'avait donné à l'homme. Fidèle à son instinct, c'était à l'homme qu'il reportait les caresses qu'il faisait au lion, et jusqu'à celles qu'il en recevait. L'un n'avait qu'un ami qui faisait toute sa consolation; l'autre, en se livrant à ses caresses, semblait encore en attendre de l'homme. Avec quelle tendresse n'accourait-il pas à celui qui, ouvrant la porte de sa prison, le rendait pour un moment à la liberté ! Comme il s'empressait autour de lui ! Comme la gaîté éclatait dans ses yeux ! tandis que son pauvre ami, inquiet de son absence, poussait des rugissemens plaintifs, s'agitait le long de ses barreaux, allait au fond de sa loge, s'arrêtait à l'endroit par où il était sorti, revenait et retournait encore. Fallait-il rentrer? Le chien revoyait avec joie son compagnon; mais son dernier regard semblait dire au gardien qui s'éloignait : « C'est pour te complaire. »

Le chien couchait sur une banquette
de la loge, le dos appuyé contre un mur
humide. Il y contracta une gale dont on
s'aperçut trop tard pour y porter remède.
Il mourut. Le lion, privé de son ami,
l'appelait sans cesse par de sombres rugissemens; bientôt il tomba dans une profonde tristesse; tout le dégoûtait : ses forces et sa voix s'affaiblissaient par degrés.
Dans la crainte qu'il ne succombât, on
voulut donner le change à sa douleur,
en lui présentant un autre chien. On en
chercha un qui, par sa taille et sa couleur, ressemblât au premier. Quand on
l'eut trouvé, ce chien fut amené d'abord
devant les barreaux de la loge. Le lion le
fixe d'un œil étincelant; la fureur éclate
sur toute sa face; il pousse un rugissement effroyable; et les pattes tendues, les
griffes déployées, il est prêt à s'élancer....
A cette passion subite et violente, on
croit avoir trompé l'instinct de l'animal,
et que dans sa fureur, il ne veut se jeter
que sur celui qui retient son chien bien-
aimé. On n'hésite plus de le lui abandonner. A peine est-il entré dans la loge, que

le lion l'étrangle.... Après ce malheureux essai, il eût été inutile de songer à de nouvelles tentatives; en effet, ce n'était pas un chien qu'il regrettait, c'était un ami. Le tems n'a pu effacer ses regrets, et la ménagerie a perdu ce superbe animal.

Le Chien de Saint-Germain.

Un chasseur du neuvième régiment, caserné à Saint-Germain-en-Laye, avait un chien caniche qu'il aimait beaucoup. Ce soldat ayant eu une querelle avec un de ses camarades, se battit en duel, et fut tué. On l'enterra dans la forêt. Dès ce moment, le chien ne quitta point la sépulture de son maître, et demeura plusieurs jours sans vouloir prendre de nourriture; chaque fois qu'il apercevait quelqu'un, il faisait retentir la forêt de ses hurlemens lugubres. La populace de Saint-Germain répandit le bruit que cet animal était devenu enragé; et déjà elle se transportait pour le tuer, lorsque la municipalité, mieux instruite et voulant rendre une espèce d'hommage à la touchante amitié de ce chien, prit un arrêté qui le mit sous

sa sauve-garde, et défendit à qui que ce
fût de lui faire aucun mal. Un limonadier
de Saint-Germain fit porter à manger à
ce bon animal. D'abord on lui jeta la
nourriture de loin; car depuis le funeste
combat de son maître, ce chien semblait
avoir pris l'espèce humaine en aversion, et
ne se laissait approcher par personne. Peu
à peu il se laissa néanmoins toucher par
les démonstrations affectueuses de l'homme
sensible qui en prenait soin; et au bout de
quelque tems, il consentit enfin à le suivre dans sa maison, où il lui resta fidèlement attaché. Voici un fait plus ré-
cent : Au mois de mars 1834, le sieur
Prudent, habitant de Paris, disparut de
son domicile, et son cadavre trouvé près
de la Villette, fut porté à la Morgue. Son
chien qui ne l'avait pas quitté, se coucha
près du vitrage, et lorsque le fils du sieur
Prudent se rendit à la Morgue pour reconnaître son père, le chien le combla de
caresses. On ne put déterminer cet animal à s'éloigner du corps de son maître
qu'en lui donnant son mouchoir, avec
l'ordre de le porter au logis.

Le Chien de Ninon Lenclos.

L'aimable et spirituelle Ninon Lenclos avait pour médecin un petit chien svelte, mignon, à l'œil noir, au poil fauve, qu'elle appelait *Raton*. Quand Ninon allait dîner en ville, *Raton* l'accompagnait. Elle le plaçait dans un corbillon tout près de son assiette. *Raton* laissait passer, sans mot dire, le potage, la pièce de bœuf, le rôti ; mais dès que sa maîtresse faisait semblant de toucher aux ragoûts, il gromelait, la regardait fixement, et les lui interdisait. Quelques entremets n'éveillaient pas toute sa sévérité ; mais il y en avait qu'il proscrivait absolument, surtout quand une odeur d'épices annonçait quelque danger. Le docteur jappant voyait de son corbillon, passer et se succéder tous les services, sans rien prendre pour lui, sans convoiter un os de poulet : ce n'était point un médecin prêchant la tempérance, et gourmand à table ; quelques macarons suffisaient à son appétit.

Il permettait le fruit à discrétion ; mais, au service du café, la désapprobation était formelle : ses yeux devenaient demi-ardens de colère. Décoiffait-on l'anisette, *Raton* aussitôt de se serrer contre sa maîtresse, comme dans l'instant du plus grand péril, d'emporter entre ses dents le petit verre, et de le cacher soigneusement dans le corbillon. Ninon feignait-elle de vouloir prendre du nectar prohibé, notre petit Sangrado se mettait à la gronder ; Ninon insistait-elle, c'était bien autre chose, il se démenait comme un lutin ; et jamais Purgon, sur notre scène comique, ne parut plus emporté : chacun se pâmait de rire en voyant la grande fureur hypocratique logée dans un corps si mince. « Docteur, disait Ninon, vous me permettrez au moins de boire un verre d'eau ?» A ces mots, l'on se radoucissait, on remuait la queue, plus de colère ; en signe de réconciliation, *Raton* acceptait et grugeait une gimblette ; puis il faisait mille tours et sautait d'aise et d'allégresse d'avoir vu passer encore un repas conforme à l'ordonnance, et qui ne devait pas nuire aux jours précieux de son inséparable amie.

Ce joli gouverneur si aimant et si austère, est empaillé au cabinet d'histoire naturelle, où l'on peut lui rendre visite, et reconnaître dans ses restes, qui semblent encore animés, le feu de l'amitié qui l'inspira, qui lui enseigna l'hygiène, pour veiller à la conservation de sa belle maîtresse.

Testamens en faveur des Chiens.

Dans les grandes villes de la Turquie, il y a des hôpitaux fondés pour les chiens. Tournefort assure qu'on leur laisse des pensions en mourant, et qu'il y a des gens à gages pour faire exécuter l'intention des testateurs. On a vu que le prince d'Orange avait légué à son chien une somme assez forte pour le nourrir, dans la crainte qu'on n'en prît pas assez de soin après lui. Le comte de Pembroke, qui vivait sous Charles Ier, a fait un testament singulier, où l'on trouve cet article :

« *Item*. J'entends que mes chiens soient

partagés entre tous les membres du Conseil
d'État. J'ai assez fait ce qu'ils ont voulu.
J'ai travaillé tantôt avec les pairs, tantôt
avec les communes : ainsi, quelque chose
qui arrive de moi, j'espère qu'ils ne laisse-
ront pas mourir de besoin mes pauvres
chiens. »

M. Roscall, riche propriétaire à Pres-
son en Angleterre, mort dans le courant de mai 1806, a légué, dans son testament mille livres sterling (à-peu-près
24,000 fr.) en faveur d'un aveugle qui
mendiait dans les rues, conduit par un
petit chien des plus intéressans.

Un apothicaire de Londres, nommé
Miller, a laissé, en mourant, tous ses
biens à son chien, nommé *Arlequin Si-
nesino*. Il lui donna pour tutrice et cu-
ratrice la fille qui les servait tous deux,
à la condition qu'elle en prendrait un soin
extrême; faute de quoi une autre personne, qu'il nommait, pourrait de plein
droit l'évincer de cette tutelle et curatelle.

Une femme de qualité dicta ce testament aux notaires qui reçurent ses der-

nières volontés. « Attendu que mon chien fut toujours le meilleur de mes amis, je le déclare mon exécuteur testamentaire, et lui confie la disposition de toute ma fortune, sous la surveillance et l'autorité du marquis de Villemur. J'ai beaucoup à me plaindre des hommes ; ils ne valent rien, ni au physique ni au moral ; mes amans étaient faibles et trompeurs, mes amis faux et perfides. De toutes les créatures qui m'entouraient, il n'y a que mon chien auquel j'ai reconnu de bonnes qualités. J'ai donc raison de disposer de mon bien en sa faveur, et j'ordonne qu'on distribue des legs à ceux qui recevront ses caresses. »

La Chouette de Gengis-Kan.

Les Chinois et les Tartares Kalmoucks rendent les plus grands honneurs à la chouette, parce que Gengis-Kan, le fondateur de leur empire, dut la conservation de sa vie à cet oiseau. Ce prince, n'ayant qu'une très petite armée, fut surpris et mis en fuite par ses ennemis ; forcé de chercher une retraite, il se sauva dans un taillis épais, et se cacha dans un buisson, sur lequel une chouette vint se poser. Cette circonstance fut cause qu'il échappa à ses ennemis, qui regardaient comme une chose impossible que cet oiseau pût se percher sur un arbre sous lequel un homme aurait été caché. En mémoire de cet événement, les Chinois mirent la chouette au nombre des oiseaux sacrés, et portèrent sur leur tête une de ses plumes. Cette coutume est restée parmi les Kalmoucks, pour leurs jours de cérémonie. Quelques tribus ont même une idole de la forme d'une chouette, à laquelle ils adaptent de véritables pieds de cet oiseau.

Les Cygnes du château des Tuileries.

Les cygnes étaient autrefois très estimés en Angleterre. Par un acte d'Édouard IV, personne, à l'exception du fils du roi, n'avait la permission de garder des cygnes, et un emprisonnement d'un an et un jour était la punition de celui qui dérobait leurs œufs. Maintenant en-

core, on en voit une multitude sur la
Tamise, où ils sont considérés comme
propriété royale.

C'est d'après le cygne sauvage (qui fait
entendre son cri en volant) que les Anciens ont eu l'idée fabuleuse d'attribuer
à cet oiseau le don de la mélodie. Suivant la doctrine de Pythagore, l'âme des
poètes passait dans le corps des cygnes,
et conservait le pouvoir de l'harmonie,
qu'ils avaient possédé sur la terre. Le
vulgaire prit ensuite pour une réalité ce
qui n'était qu'une allégorie ingénieuse.
Pythagore disait que le chant du cygne
mourant était un chant de joie, par lequel cet oiseau se félicitait de passer à une
meilleure vie.

On voit peu de cygnes plus beaux que
ceux qui sont dans les bassins des Tuileries ; ils sont surtout intéressans par leur
extrême familiarité. Ils aiment beaucoup
les petits enfans, et la raison en est toute
simple, c'est qu'ils reçoivent journellement de leurs mains une bonne partie des
gâteaux qu'on leur achette. J'ai vu un
jour une scène qui amusa beaucoup la

foule des promeneurs. Des enfans donnaient à manger aux cygnes; un petit espiègle appela le mâle, qui accourut à sa
voix; mais au lieu de lui donner de son
gâteau, l'enfant s'amusa à l'agacer avec
son chapeau. L'oiseau se reculait chaque
fois qu'on cherchait à l'atteindre, et il se
rapprochait aussitôt, dans l'espoir d'obtenir à la fin sa part du gâteau. Ce manége
dura quelque tems; mais, voyant qu'on
mangeait tout sans lui rien donner, le
cygne s'empara du chapeau de l'enfant, et
se promena en le portant d'un air triomphant; après avoir fait le tour du bassin,
il alla déposer ce trophée dans sa cabane.
On pense combien les enfans rirent aux
dépens du petit espiègle.

Cigognes révérées.

De même que les alouettes étaient sacrées à Lemnos, parce qu'elles délivraient
l'île de sauterelles; de même, en Thessalie, il y eut peine de mort pour le meurtrier d'une cigogne, tant ces oiseaux étaient
précieux à ce pays, qu'ils purgeaient de

serpens. Dans le Levant, on conserve encore une partie de ce respect pour la cigogne. Chez les Romains il était défendu de s'en nourrir. Il y a une histoire célèbre en Hollande, d'une cigogne qui, dans l'incendie de la ville de Delft, après s'y être inutilement efforcée d'enlever ses petits, se laissa brûler avec eux, afin de partager leur sort. Buffon dit qu'on a souvent vu des cigognes jeunes et vigoureuses, apporter de la nourriture à d'autres qui, se tenant sur le bord du nid, paraissaient languissantes et affaiblies. C'est pour cette raison que les Romains nommaient la cigogne *avis pia* (oiseau pieux). Les Grecs firent une loi pour ordonner aux enfans de nourrir leurs pères et mères, et donnèrent à cette loi le nom de la Cigogne, en l'offrant comme un modèle que devaient se proposer les hommes, qui n'avaient pas de honte d'avoir moins de vertus que cet animal.

La Cigogne reconnaissante.

Une femme de la ville de Tarente ayant perdu son époux, en eut une si vive douleur, qu'elle se retira pour pleurer près de son tombeau. De là elle aperçut une cigogne qui, se laissant tomber, se cassa la cuisse; elle en prit soin, et vint à bout de la guérir.

La cigogne, au bout d'un an, revint dans l'endroit même, aborda sa bienfaitrice, lui témoigna par le battement de ses ailes et par ses cris, une joie extraordinaire, de manière à lui causer beaucoup de surprise.

Elien ajoute que cet oiseau reconnaissant apporta à cette femme une pierre précieuse qui la mit en état de passer ses jours dans une honnête aisance. Ce dernier trait sent bien le merveilleux; mais je n'ai pas dû l'omettre, sauf à prévenir qu'Elien, comme beaucoup d'auteurs anciens, se montre souvent bien crédule.

Les Cigognes de Denain.

Les cigognes sont assez communes en Flandre, où elles perchent sur les plus hauts clochers. Après la bataille de Denain, et avant que la nouvelle pût en être arrivée à Paris, quatre cigognes parurent

sur la tête des quatre statues qui sont au
coin de la lanterne du dôme des Invalides.
Les vieux militaires dirent qu'il y avait eu
sûrement une bataille en Flandre, d'où le
bruit avait fait fuir les cigognes, et ils pré-
sagèrent de l'endroit où elles s'étaient ar-
rêtées, que nous avions gagné la bataille.
Plusieurs personnes dignes de foi, qui vivaient encore en 1756 à l'hôtel, avaient
vu cette espèce de phénomène.

Cigogne vindicative

Dans les *Lettres sur l'Italie*, on trouve
l'anecdote suivante, qui offre un exemple
singulier d'intelligence dans la cigogne. Un
fermier du voisinage de Hambourg amena
dans sa basse-cour une cigogne sauvage,
pour y être la compagne d'une autre apprivoisée, qu'il avait depuis long-tems ;
mais celle-ci, furieuse d'avoir une rivale,
tomba sur la pauvre étrangère, et la mal-
traita si cruellement, qu'elle fut forcée de
prendre la fuite, quoiqu'avec bien de la
peine. Cependant, environ quatre mois
après, elle revint à la basse-cour, remise

de toutes ses blessures, et suivie de trois autres cigognes qui, s'unissant à elle, se jetèrent sur-le-champ sur la cigogne privée, et la tuèrent.

« J'ai vu, dans un jardin (dit le docteur Hermann) où des enfans jouaient à la cligne-musette, une cigogne privée se mettre de la partie, courir à son tour, quand elle était touchée, et distinguer très bien l'enfant dont le tour était de poursuivre les autres, pour se tenir sur ses gardes. »

Civette apprivoisée.

Cardan avait avancé que la civette, à raison de sa férocité naturelle, ne pouvait jamais s'apprivoiser ; mais Scaliger a réfuté cette assertion, attendu qu'il a vu lui-même à Rome et à Mantoue plusieurs de ces animaux si apprivoisés, que des hommes les portaient sans inconvénient sur leurs épaules. Du Renou dit aussi en avoir vu à Paris, dans plusieurs maisons, qui se laissaient manier impunément ; et Belon, au second livre de ses *Singularités*, observe que le consul de Florence à Alexandrie, avait une civette si privée, que jouant avec les hommes, elle leur mordait le nez, les oreilles et les lèvres sans leur faire aucun mal. Ce qu'il y a de plus singulier, c'est qu'elle avait été nourrie dès sa naissance du lait des mamelles d'une femme.

C'est cet animal qui nous fournit le musc, dont l'odeur est si forte. Cette matière odoriférante est contenue dans une espèce de petit sac qu'il porte sous son ventre, et que l'on presse pour la faire sortir.

Les Cochons d'Utrecht.

La ville d'Utrecht était redevable à la province de Hollande, à titre d'hommage, d'un porc tous les ans. Les magistrats d'Utrecht écrivirent, en 1612, à Barnewelt pour se plaindre de ce que ce porc était mis au carcan, et exposé aux insolences de toute la populace de La Haye, au grand mépris des gens d'Utrecht. Le Pensionnaire répondit que, suivant l'ancien usage, le porc devait être attaché à un poteau dans la cour du Palais; mais qu'on voulait bien retrancher le collier et la chaîne, pour lui ôter l'air du carcan. Les magistrats d'Utrecht ne se contentèrent point de cette condescendance, et firent de si pressantes sollicitations aux États de Hollande, que, trois ans après, ils obtinrent d'être déchargés de cette redevance; et depuis ce tems-là leurs porcs sont à l'abri du carcan et des insultes du peuple de La Haye.

Cochons prodigieux.

Le maréchal Vauban a fait un traité sur les Cochons; il appelait gaîment cet ouvrage, *ma Cochonnerie*. Ce qui l'avait le plus intéressé dans cet animal, c'était sa prodigieuse fécondité : il avait calculé la postérité d'une seule truie pendant onze ans; elle se montait à 6,434,838 cochons. On lit dans la *Nouvelle Maison rustique*, qu'on a vu des truies, en France, qui ont eu jusqu'à trente-sept petits d'une seule portée. Colinson, dans une lettre à Buffon, dit qu'on a tué en Angleterre un cochon qui pesait 1247 livres.

Terentius Varron dit qu'il a vu en Arcadie une truie qui était si grasse, que non seulement elle ne pouvait pas se lever, mais qu'elle avait même laissé se loger sur son dos une souris, qui, après avoir rongé sa chair, y avait fait ses petits.

L'auteur des *Instructions tirées de l'exemple des animaux*, dit avoir connu une femme qu'un petit cochon suivait avec le même attachement et la même fidélité que si c'eût été un chien. À Barcelone, il y eut un tems où les dames portaient sous le bras un cochon de lait enjolivé de rubans.

Les Cochons de Louis XI.

Les cochons peuvent se glorifier d'avoir eu de grands hommes pour gardiens. Le cardinal de Brogny, président du concile de Constance, et évêque de Genève, et le pape Sixte-Quint avaient gardé des cochons.

D'autres personnages ont dû une brillante fortune à l'animal à grouin. Tel fut le cuisinier de Marc-Antoine, qui devint seigneur d'une ville, pour avoir fait rôtir

un marcassin à propos et selon le goût de
ce Romain. Charles-Quint ne dédaigna
point de complimenter lui-même le chef
de cuisine d'un seigneur espagnol ; et il
gratifia cet homme d'une fort belle terre ,
parce qu'il avait fricassé des queues de
porcs avec tant d'art, que l'empereur les
avait mangées pour des brochetons et des
anguilles à la tartare.

Entr'autres moyens que l'on chercha
pour distraire Louis XI, lorsqu'il était
malade au Plessis-les-Tours, on s'avisa de
former de jeunes porcs à danser et à sauter au son de la cornemuse. Ce grotesque
ballet divertit beaucoup le roi. Excité par
ce succès , un certain abbé de Baigne alla
plus loin encore. Dans une fête donnée à
la Cour de ce prince , il imagina de faire
exécuter un opéra d'un genre tout-à-fait
nouveau ; il n'était formé que par des cochons. Il en assembla une grande quantité
de différens âges, sous une tente ou pavillon
couvert de velours ; au-devant de ce pavillon il y avait une table de bois avec un
certain nombre de marches ; il fit un long
instrument organique dont les touches

correspondaient aux marches par de petits aiguillons qui touchaient les pourceaux, et les faisaient crier en tel ordre et consonnance, que le roi et toute sa cour y prirent plaisir.

Cochons privilégiés.

Philippe, fils de Louis-le-Gros, passant, le 1er octobre 1131, près de Saint-Gervais, un cochon s'embarrassa dans les jambes de son cheval qui s'abattit ; le jeune prince tomba si rudement, qu'il en mourut le lendemain. Le 3 du même mois, il fut rendu une ordonnance qui défendit de laisser vaguer à l'avenir des pourceaux dans les rues de Paris. Peu après, ceux de l'abbaye Saint-Antoine furent privilégiés, l'abbesse et les religieuses ayant représenté que ce serait manquer à leur patron, que de ne pas exempter ses cochons de la règle générale.

Cochons savans.

Mistress Sara Trimmer dit qu'on a vu à Londres un cochon qui savait lire. On le montrait dans une salle où se rassemblait beaucoup de monde pour admirer sa science. Deux alphabets de grandes lettres en carton étaient rangés sur le plancher. Quelqu'un de la compagnie était invité à dire le mot qu'il désirait faire assembler au cochon : le maître le répétait à l'animal qui, sur-le-champ, prenait avec les dents les lettres nécessaires, et les arrangeait jusqu'à ce que le mot fût complet. On demandait au nouveau docteur quelle heure il était ; une personne de la société lui faisait voir une montre, il la regardait avec attention ; après quoi il prenait les caractères propres à marquer l'heure et les minutes, et les assemblait avec justesse, selon l'heure que marquait le cadran qu'on lui avait montré.

On a vu aussi d'autres cochons à la foire Saint-Germain et à l'amphithéâtre d'Astley, à Paris, qui faisaient des tours surprenans.

Procès fait à un Cochon.

Dans l'*Histoire de la ville de Lille*, il est fait mention d'un cochon qui, ayant dévoré un enfant près Saint-Omer, fut condamné par les échevins à être pendu. Plusieurs siècles après, et peu avant la révolution, le corps municipal entra en procès contre les officiers du baillage, qui lui contestaient le droit de haute justice. Le procès fut porté au parlement, et là les échevins apportèrent en preuve de leur juridiction, la sentence rendue contre le cochon, laquelle avait été exécutée en dernier ressort et sans appel.

On cite ce jugement du juge de Saint-Magloire, au village de Charonne, rapporté dans le deuxième volume de l'*Histoire du diocèse de Paris* : Une truie avait mangé le menton d'un enfant, lequel en était mort. Le juge fit le procès à la truie, et la condamna à être assommée, et sa chair distribuée aux chiens.

On trouve encore dans le *Dictionnaire des Titres originaux*, par Charnage, une quittance du 9 janvier 1396, donnée par le bourreau de Falaise, de la somme de dix sols et dix deniers tournois, pour sa peine et salaire d'avoir traîné, puis pendu à la justice de Falaise, une truie de l'âge de trois ans ou environ, qui avait mangé le visage de Jonnet de Masson, enfant au berceau, etc., et de six sous tournois, pour un gant neuf, quand le bourreau fit ladite exécution. Cette quittance est donnée à Regnaud-Rigaut, vicomte de Falaise. Le bourreau déclare qu'il se tient pour content desdites sommes, et qu'il en acquitte le roi notre sire, et ledit vicomte.

La Truie d'Énée.

Terentius Varron rapporte que la truie d'Énée mit bas à Lavinium trente pourceaux blancs, d'une seule portée. On tira un présage de cette circonstance, et l'événement justifia ce qui avait été pronostiqué. Trente ans après, les habitans de Lavinium bâtirent la ville d'Albe. On peut encore voir aujourd'hui, dit Varron, des vestiges de cette truie et de ses pourceaux à Lavinium, où leurs statues en bronze sont exposées au public, et où les prêtres montrent le corps de la mère, qu'ils ont conservé dans de la salure.

On lit dans Élien, qu'un troupeau de cochons ayant été dérobé et conduit dans un navire, le porcher survint, qui les ap-

pela : à sa voix qu'ils reconnurent , ils se
ruèrent tous du même côté du bâtiment,
qu'ils coulèrent à fond, et allèrent rejoindre leur maître à la nage.

Les Colibris du Père Mont-Didier.

Le père Mont-Didier, compagnon du
père Labat dans la mission en Amérique,
trouva un nid de colibris qui était sur un
appentis auprès de la maison : il l'emporta
avec les petits lorsqu'ils eurent quinze ou
vingt jours, et les mit dans une cage à la
fenêtre de sa chambre, où le père et la
mère ne manquèrent pas de venir leur
donner à manger, et s'apprivoisèrent tellement, qu'ils ne sortaient presque jamais
de la chambre, où, sans contrainte, ils venaient manger et dormir avec eux. Ils venaient souvent tous quatre sur le doigt du
père Mont-Didier, chantant aussi librement que s'ils eussent été sur une branche
d'arbre. Il les nourrissait avec une pâtée
très fine et presque claire, faite avec du
biscuit, du vin d'Espagne et du sucre; *ils*
passaient leur langue sur cette pâtée , et

quand ils étaient rassasiés, ils voltigeaient et chantaient. On ne pouvait rien voir de plus aimable que ces quatre petits oiseaux, voltigeant de tous côtés, au dedans et au dehors de la maison, et revenant dès qu'ils entendaient la voix de leur maître. Ils vécurent avec lui de cette manière pendant six mois; mais au moment où il espérait voir une nouvelle famille s'élever sous ses yeux, il oublia malheureusement de renfermer leur cage, pour les garantir des rats pendant la nuit, et les trouva tous détruits le lendemain matin. Ceci est rapporté par le père Labat, dans la relation de son voyage aux Antilles.

Coq devin.

Elien et Plutarque rapportent que tous les coqs de la Béotie annoncèrent par des cris de joie, quelques heures avant l'évènement, la victoire qu'Epaminondas, leur compatriote, remporta auprès de Leuctres sur les Lacédémoniens.

Les Grecs avaient confiance dans l'*Alectryomancie*, divination qui se faisait par le moyen d'un coq, et qui se pratiquait ainsi:

on traçait un cercle sur la terre, et on le
partageait en vingt-quatre espaces égaux
dans chacun desquels on figurait une des
lettres de l'alphabet, et sur chaque lettre
on mettait un grain d'orge ou de blé. Cela
fait, on plaçait au milieu du cercle un
coq fait à ce manége; on observait soigneusement les lettres de dessus lesquelles
il enlevait les grains, et de ces lettres rassemblées, on formait un mot qui servait
de réponse à ce qu'on voulait savoir.

Fidustius, Irénée, Pergamius, Hilaire,
Libanius et Jamblique cherchèrent quel
devait être le successeur de l'empereur
Valens. Les lettres enlevées formèrent ce
mot : *Théo*; ils en conclurent que ce serait Théodose; effectivement un seul
homme de ce nom échappa aux recherches de Valens; car ce prince, informé
de cette espèce de prophétie, fit tuer tous
ceux dont les noms commençaient par les
quatre premières lettres, comme *Théodore,
Théodat, Théobule, etc.*, aussi bien que
ceux qui avaient mis le coq en action.
Théodose ayant été préservé, fut proclamé
empereur.

Nostradamus voyant dans la place publique, à Nîmes, deux coqs qui se battaient, et dont l'un tua l'autre, prédit que dans la même journée et au même lieu, il se ferait un duel dans lequel l'un des combattans serait tué sur la place : ce qui arriva.

Coq parlant.

J'ai lu qu'il se trouva à Prague, capitale de la Bohême, un coq que son maître avait stylé de manière que tous les jours, à quatre heures du matin, hiver comme été, il montait à sa chambre, et venait l'éveiller par son chant.

Pline dit qu'on trouve dans les *Annales*, que, sous le consulat de Marcus Lépidus et de Quintus Catulus, l'an de Rome 676, on entendit parler un coq dans une métairie de Galérius, au territoire de Rimini.

Athénée rapporte que les Sybarites avaient banni de leur ville tous les coqs, afin de n'être point troublés dans leur sommeil.

Le mot galimathias vient de ce qu'il s'agissait, dans un plaidoyer, du coq d'un certain Mathias. L'avocat, dont le discours était très embrouillé, à force de répéter *Gallus Mathiæ*, se méprit, et dit *Galli-Mathias*. Chacun répéta ce mot en riant, et depuis il a passé en proverbe.

Les Coqs de Thémistocle.

Thémistocle, allant combattre les Perses, et voyant que ses soldats montraient peu d'ardeur, leur fit remarquer l'acharnement avec lequel des coqs se battaient. « Voyez, leur dit-il, le courage indomptable de ces animaux ; cependant ils n'ont d'autre motif que le désir de vaincre ; et vous, qui combattez pour vos foyers, pour le tombeau de vos pères, pour la liberté!.... » Ce peu de mots suffit pour ranimer le courage de l'armée, et Thémistocle remporta la victoire. En mémoire de cet événement, les Athéniens instituèrent une fête qui se célébrait par des combats de coqs.

Combats de Coqs.

Un capitaine de vaisseau raconte que, dans une traversée de l'Amérique en France, deux coqs d'une disproportion frappante parurent sur le tillac, et ce fut le petit qui, à force de se mouvoir et de profiter de tous les avantages possibles, gagna la bataille. Le grand coq, intimidé, finit par se jeter à la mer, et le vainqueur était au moment de le poursuivre jusque sur les flots, si l'officier auquel il appartenait, ne l'eût arrêté. Ce capitaine l'appelait son maître d'armes. On se fait à Londres un spectacle de ces sortes de combats : l'usage en est même passé en France. On a vu des batailles de ce genre dans le département de la Dyle. Il y a quelques années que les coqs de Saint-Trond ont remporté sur ceux de Tirlemont une victoire signalée, qui n'a coûté que des yeux aux uns et des crêtes aux autres. Ils ont été reconduits en triomphe, au bruit d'une musique turque, et aux acclamations des habitans de la commune qui a eu l'honneur de donner naissance à ces guerriers. Les coqs de Saint-Trond ont d'autant plus de renommée dans le département de la Dyle, que trois fois dans la même année ils ont triomphé des coqs des cantons environnans.

11*

Ce spectacle a été autrefois la folie des Rhodiens et des habitans de Pergame; c'est aujourd'hui celle des Chinois, des habitans des Philippines, de Java, de l'isthme de l'Amérique, et de quelques autres nations des deux continens. On lit dans le *voyage du jeune Anacharsis en Grèce*, d'après l'autorité d'Aristophane, que les Tanagréens ont une sorte de passion pour les combats de coqs. Ces animaux sont chez eux d'une grosseur et d'une beauté singulières; ils ne respirent que la guerre. On en transporte dans plusieurs villes; on les fait lutter les uns contre les autres, et pour rendre leur fureur plus meurtrière, on arme leurs ergots de pointes d'airain. Athènes avait consacré un jour de l'année au combat des coqs, ainsi qu'à celui des cailles, et tout un peuple se réjouissait de la lutte de quelques oiseaux : ces combats plaisaient même autant que ceux des gladiateurs.

Le Corbeau de Valérius.

Le corbeau a la science de sentir mieux que nous les différentes impressions de l'air, de pressentir ses moindres changemens, et de les annoncer par certains cris, certaines actions qui sont en lui l'effet naturel de ces changemens. Dans le tems que les aruspices faisaient partie de la religion, dit Buffon, les corbeaux, quoique mauvais prophètes, ne pouvaient qu'être des oiseaux fort intéressans; car la prétention de prédire les événemens futurs, même les plus tristes, est une ancienne folie du genre humain : aussi s'attachait-on beaucoup à étudier toutes leurs actions, toutes les circonstances de leur vol, toutes les différences de leur voix, dont on avait compté jusqu'à soixante-quatre inflexions distinctes, sans parler d'autres différences plus fines et trop difficiles à apprécier. Chacune avait sa signification déterminée : il ne manqua pas de charlatans pour en procurer l'intelligence, ni de gens simples pour y croire.

Valérius, tribun militaire sous le grand Camille, était aux prises avec un Gaulois formidable, lorsqu'un corbeau vint se percher sur son bras droit. Cet oiseau frappa tellement de ses ailes et de ses ongles l'adversaire du tribun, que celui-ci lui dut la victoire et le surnom de *Corvinus*.

Les Corbeaux dénonciateurs.

Un valet avait volé son maître : celui-ci lui pardonna, pourvu qu'il changeât de vie; ce qu'il exécuta exactement, et se gouverna si sagement depuis, qu'il gagna assez de bien pour se marier et tenir une auberge dans un chemin fort fréquenté. Environ vingt ans après, le maître se trouvant par hasard en voyage, vint loger chez son ancien domestique. Comme il ne le reconnaissait pas, celui-ci fut au-devant de lui, se nomma, et lui témoigna la joie qu'il avait de le servir encore. Il lui donna la plus belle chambre et lui fit faire bonne chère; mais la nuit ne fut pas plus tôt venue et tout le monde couché, que ce perfide, après tant d'amitiés, assassina son ancien maître, en le poignardant, et jeta le corqs dans une charrette, pour le transporter à la rivière par une porte qui donnait sur le derrière de la maison. Afin qu'on ne découvre pas son crime, et que le corps demeure toujours au fond, il le

perce d'un long bâton pointu qu'il fait entrer si avant dans la vase, qu'on ne voyait
qu'un petit bout du bâton. Quelques jours
après, des corbeaux, qui sentent la putré-
faction de fort loin, abordent de toutes
parts, et se rassemblent de ce côté. Leur
bruit importun, qu'on n'avait pas coutume d'entendre, fit forger mille fables
par les habitans de cet endroit; on avait
beau leur donner la chasse, il y en avait
toujours qui restaient perchés sur ce bâton. Cela excita la curiosité de quelques-
uns, qui arrachèrent cette perche. On ne
l'eut pas plus tôt ôtée, que le corps revint
sur l'eau. On cherche comment le meurtre peut avoir été commis; on aperçoit
l'ornière de la charrette qui conduisait derrière l'hôtellerie. La Justice se saisit du
maître, qui confessa son crime.

Les Corbeaux flatteurs.

Macrobe rapporte qu'Auguste, après la
victoire remportée à Actium, rentrant à
Rome, se présenta au milieu d'une foule
de gens qui s'empressaient de le féliciter :
un artisan, entr'autres, lui offrit un cor-

beau qu'il tenait sur sa main, auquel il avait appris à répéter ces mots : *Bon jour, César, victorieux Empereur.* Ce prince, enchanté de la politesse de cet oiseau, l'acheta vingt mille écus. Un camarade de l'artisan apporta aussi un autre corbeau qui prononçait les mêmes paroles. Auguste, sans se déconcerter, jugea que c'était assez d'ordonner au premier de partager avec son compagnon. Il fit encore l'acquisition d'un perroquet et d'une pie. Cet exemple engagea un pauvre cordonnier à donner la même leçon à un corbeau ; mais l'animal n'avançait point, et le maître, désolé, disait ordinairement à son élève : « Ma peine et mon tems sont perdus. » Enfin le corbeau commença à répéter son compliment. Auguste l'ayant entendu en passant, se contenta de dire : « J'ai assez chez moi de ces sortes de complimenteurs. » Le corbeau ajouta fort à propos la plainte que lui faisait son maître mécontent : *Ma peine et mon tems sont perdus.* César ne put s'empêcher de rire, et acheta ce dernier oiseau plus cher que tous les autres.

Le Corbeau du temple de Castor et Pollux.

Pline rapporte que le peuple romain, sous l'empire de Tibère, témoigna, par un acte d'indignation éclatante, le cas singulier qu'il faisait d'un jeune corbeau qui était éclos sur le temple de Castor et Pollux. Cet oiseau s'abattit, en volant, dans la boutique d'un cordonnier, adossée à ce temple. Le lieu sacré d'où venait cet oiseau le rendit encore plus recommandable au maître de la boutique. Ce jeune corbeau ayant appris en peu de tems à parler, volait tous les matins vers la place publique, et se posant sur la tribune aux harangues, saluait de là, par leurs noms, l'empereur Tibère, ensuite les deux Césars, puis le peuple romain qui passait dans la place ; après quoi il s'en retournait dans la boutique. Pendant plusieurs années, il fit régulièrement ce manége, au grand étonnement de tout le monde. Il arriva qu'un autre cordonnier, qui tenait aussi une boutique dans le voisinage, tua le corbeau, soit par jalousie contre son voisin, soit par colère, ainsi qu'il l'allégua pour excuse, l'oiseau lui avait gâté des souliers. Quoi qu'il en soit, le peuple fut si affligé de la perte du corbeau, qu'après avoir chassé le cordonnier du quartier des Dioscures, il le mit à mort. Ensuite il fit au corbeau les plus magnifiques funérailles.

Maintenant encore, aux Indes, en Suède, en Angleterre, on respecte les corbeaux. En Islande, au contraire, leur tête est mise à prix. A certain jour indiqué, chaque habitant est obligé d'apporter à la chambre de justice un nombre de becs de ces oiseaux. Celui qui n'en apporte pas est mis à l'amende. De ces becs amoncelés on fait un feu de joie.

Les Corbeaux de Lisbonne

On voit voler dans l'église métropolitaine de Lisbonne, deux corbeaux que MM. du chapitre entretiennent perpétuellement, parce que le corps de saint Vincent, leur patron, après son martyre, ayant été livré pour être la pâture des bêtes féroces et des oiseaux du ciel, fut gardé et défendu par deux corbeaux, jusqu'à ce

que des personnes de piété l'eussent enlevé
pour lui rendre les honneurs de la sépulture.

Les Corbeaux de Cicéron.

Cicéron, poursuivi par les meurtriers
qu'Antoine envoyait pour le tuer, après
avoir hésité long-tems sur le parti qu'il
pourrait prendre, se détermina à se faire
transporter, par mer, à une maison de
campagne qu'il avait à Cajeta, aujour-
d'hui Gaëte. Dans ce lieu-là, dit Plutarque, est un temple sur le bord de la
mer. De ce temple, il s'éleva tout-à-
coup une troupe de corbeaux qui poussè-
rent de grands cris, prirent leur vol vers
le vaisseau de Cicéron, comme ses rameurs
tâchaient d'aborder, et se perchèrent aux
deux côtés de l'antenne. Là, les uns se
mirent à croasser, les autres à becqueter
les cordages. Tout l'équipage du vaisseau
prit ce signe pour un très mauvais augure.
Cicéron descendit à terre; et étant entré
dans sa maison, il se mit au lit pour tâ-
cher de dormir et de se reposer; mais la
plupart de ses corbeaux l'ayant suivi, se

posèrent sur la fenêtre de sa chambre, où ils jetèrent des cris horribles et effrayans. Il y en eut un qui, entrant jusque dans son lit, où il était couché la tête couverte, retira avec son bec le pan de sa robe qui lui couvrait le visage ; ce que voyant ses domestiques, ils commencèrent à se gronder eux-mêmes et à se reprocher leur lâcheté. Quoi, disaient-ils, attendrons-nous, les bras croisés, d'être les témoins du meurtre de notre maître ; et lorsque les bêtes nous indiquent qu'il ne faut point demeurer en repos, ne tenterons-nous rien pour le sauver du grand danger qui le menace ? En même tems ils le prennent ; et moitié par prières, et moitié par force, ils le mettent dans la litière, et le sortent de cette maison. Cette circonstance aurait probablement sauvé la vie à Cicéron, si un jeune homme qu'il avait élevé, n'eût indiqué aux meurtriers, qui arrivaient en ce moment, le chemin qu'avait pris la litière.

Les Corneilles de Messine.

Suétone, dans la *Vie des douze Césars,*

rapporte que, peu de tems avant la mort
de Domitien, une corneille parla fort in-
telligiblement au capitole, et dit quelques
mots qui présageaient que bientot tout
irait bien. Sans doute elle ne fit que répéter ce qu'on lui avait appris; c'est déjà
beaucoup; mais Suétone aime mieux présenter le fait avec tout son prestige merveilleux.

Il y avait à Messine, ville de Sicile,
une corneille qui, blessée par les chas-
seurs, ne pouvait ni voler ni marcher,
Ses petits, au nombre de six, se succédèrent sans interruption pour lui porter des alimens; et on les voyait chaque
jour faire usage de leurs pattes et de leur
bec pour la tourner sur le lit qu'ils lui
avaient dressé. Ils ne cessaient de la becqueter, et, par le battement de leurs ailes, de lui exprimer leur affection. L'on
observa que deux couchaient exactement
auprès de cette mère impotente, et qu'ils
lui prodiguaient tout ce que la nature
pouvait leur inspirer. Elle mourut au bout
de quelques semaines, et ce fut un croas-
sement qui ne finissait pas; il y eut jus-

qu'à des obsèques ou la tendresse filiale
éclata. Le magistrat Cupoli rapporte avoir
vu les corneilles traîner, avec respect, le
corps de l'oiseau, le couvrir de feuillages ;
et il ajoute qu'elles allèrent ensuite se ta-
pir sous un arbre, comme si elles n'eussent
plus eu la force de percher, et que trois
de ses petits, atteints d'un violent hoquet,
expirèrent suffoqués par la douleur.

Les Corneilles d'Ésope.

Ésope avait demandé à son maître qu'il
le rendît libre ; Xantus lui dit qu'il y con-
sentait, si toutefois les dieux l'ordon-
naient ainsi, et qu'il reconnaîtrait leur volonté par un bon ou mauvais présage :
« Si, en sortant, continua-t-il, deux corneilles se présentent à ta vue, tu auras ta
liberté ; si au contraire tu n'en vois qu'une,
ne te lasse point d'être esclave. » Ésope
sortit aussitôt. A peine notre Phrygien fut-
il dehors, qu'il aperçut deux corneilles
qui se perchèrent sur un arbre. Il en alla
avertir son maître, qui voulut voir lui-
même s'il disait vrai. Tandis que Xantus

venait, l'une des corneilles s'envola. « Tu veux me tromper? dit-il à Ésope; » et il lui fit donner les étrivières. Pendant le supplice du pauvre Phrygien, on vint inviter Xantus à un repas; il promit qu'il s'y trouverait. « Hélas! s'écria Ésope, les présages sont bien menteurs! Moi, qui ai vu deux corneilles, je suis battu; mon maître, qui n'en a vu qu'une, est prié de noces. » Ce mot plut tellement à Xantus, qu'il commanda qu'on cessât de fouetter Ésope.

Coucou de Silésie.

Aldovrande dit qu'on a reconnu, par une longue observation, que le coucou entre l'hiver dans le creux des arbres, ou qu'il se tient caché, durant toute cette saison, dans les cavités des pierres et dans les cavernes de la terre. On raconte, ajoute-t-il, qu'à Bâle, en Suisse, un paysan ayant mis en hiver une bûche dans le feu, y entendit la voix d'un coucou.

Schwenckfeld dit qu'en Silésie, les gens du peuple qui entendent les premiers le coucou chanter à la campagne, ont coutume, suivant une ancienne superstition, de lui demander qu'il leur annonce le nombre d'années qu'ils ont encore à vivre. Or, ils comptent autant d'années qu'il aura répété de fois *coucou* après la question faite.

L'habitant du mont Baix est convaincu que, pour être sauvé, il faut manger, avant de mourir, un coucou à la broche.

Couleuvres apprivoisées.

Valmont de Bomare dit avoir vu une couleuvre qui était tellement attachée à sa maîtresse, qu'elle lui montait le long du corps, se cachait sous ses vêtemens, ou se couchait sur son sein. Sensible à sa voix, le reptile obéissait à ses ordres, et arrivait près d'elle : il la reconnaissait, ou la distinguait lorsqu'elle riait, qu'elle parlait ou qu'elle marchait. Nous l'avons vue encore, ajoute-t-il, étant à Rouen, sur la rivière de Seine, suivre dans l'eau le bateau où était sa maîtresse, qui l'avait jetée à l'eau exprès, et qui l'appelait ; mais la marée venant à monter, elle disparut et on la perdit, au

grand regret de sa maîtresse. Cette couleuvre allait près du feu dans l'hiver.

Il y a dans les Indes une couleuvre très
jolie et très apprivoisée, qu'on nourrit
avec plaisir dans les maisons, comme nous
faisons ici à l'égard des chiens et des chats.
Quand on lui donne à manger, elle monte
sur l'épaule, se recourbe en cercle autour
de votre cou, et vous fait mille caresses.

Dans la Samogitie, pays de la Pologne,
les couleuvres sont communes et ne sont
nullement malfaisantes. Elles viennent
même jusque dans les maisons, et on les
y souffre volontiers. Un Polonais, témoin
oculaire, raconte qu'une couleuvre, ac-
coutumée à venir visiter un rez-de-chaus-
sée, s'y présenta un jour avec ses petits;
l'un d'eux ayant mordu jusqu'au sang l'enfant de la maison, elle sortit d'un air cour-
roucé, chassant devant elle sa progéniture;
et depuis cet accident on ne la revit jamais. Phylarque, cité par Pline, rapporte
la même chose d'un aspic en Égypte.

Moraski, gentilhomme polonais, dit
avoir vu expirer une jeune couleuvre au
moment qu'elle aperçut sa mère sous le

sabre d'un soldat. Ses yeux devinrent rou-
ges comme du sang ; et après avoir sifflé
avec fureur, s'être roulée sur les restes de
celle qui lui avait donné la vie , les avoir
léchés, comme pour les ranimer, son cou
se gonfla, et elle périt de douleur.

Couleuvres du Malabar.

Dans le Malabar , il y a une espèce de
couleuvre que les Indiens nomment *nalle
pambou,* c'est-à-dire, *bonne couleuvre.* Elle
a la tête environnée d'une peau large, qui
forme une espèce de chapeau. Son corps
est émaillé de couleurs très vives, qui en
rendent la vue aussi agréable que ses blessures sont dangereuses. On leur adresse
des prières et des offrandes.

Un Malabare , dit l'abréviateur de l'*Histoire des Voyages,* qui trouve une couleuvre dans sa maison, la supplie d'abord
de sortir. Si les prières sont sans effet, il
s'efforce de l'attirer dehors en lui présentant du lait ou quelque autre aliment.
S'obstine-t-elle à demeurer, on appelle les
Bramines , qui lui représentent éloquem-

ment les motifs dont elle doit être touchée, tels que le respect du Malabare, et
les adorations qu'il a rendues à toute l'espèce.

Pendant le séjour qu'un voyageur ,
nommé Dellon, fit à Cananor, un secrétaire du prince gouverneur fut mordu par
une de ces couleuvres à chapeau, qui
était de la grosseur du bras , et d'environ
huit pieds de longueur. Il négligea d'abord
les remèdes ordinaires , et ceux qui l'ac-
compagnaient se contentèrent de le ramener dans la ville, où la couleuvre fut ap-
portée aussi dans un vase bien couvert.
Le prince, touché de cet accident, fit appeler aussitôt les Bramines, qui représen-
tèrent à l'animal combien la vie d'un officier si fidèle était utile à l'État. Aux prières
on joignit les menaces. On déclara à la
couleuvre que si le malade périssait, elle
serait brûlée vive dans le même bûcher.
Mais elle fut inexorable , et le secrétaire
mourut de la force du poison. Le prince
fut extrêmement sensible à cette perte ;
cependant, ayant fait réflexion que le mort
pouvait être coupable de quelque faute

secrète qui lui avait attiré peut-être le
courroux des dieux ; il fit porter hors du
palais le vase où la couleuvre était renfer-
mée, avec ordre de lui rendre la liberté,
après lui avoir fait beaucoup d'excuses et
quantité de révérences.

Les Crabes du capitaine Drak.

Le crabe, poisson de mer à coquille, est
une espèce amphibie. Il y en a de toutes
grandeurs : les gros sont carnassiers et
très dangereux. Ils habitent particulièrement l'île des *Cancres*, en Amérique. Ils
sont d'une figure horrible et d'une force
étonnante. On lit dans l'histoire du capitaine Drak, que ce navigateur fut dévoré
par des crabes, au moment qu'il était occupé à examiner les îles dont nous parlons.
Quoiqu'il fût très bien armé, et qu'il se
défendît avec beaucoup de courage, il
n'en devint pas moins la proie de ces monstres. Le capitaine Marion eut aussi le
même sort ; au moment qu'il descendait
de son vaisseau, et qu'il mettait pied à
terre sur le rivage, un crabe, d'une gran-

deur effroyable, sortit soudain de la mer, se jeta sur le capitaine, lui coupa le corps en deux avec ses pinces, et le mangea, sans qu'il fût possible de lui porter le moindre secours.

En 1627, une colonie qui venait de France, étant un soir descendue dans l'île de Saint-Christophe, plus de trente personnes malades, qui étaient demeurées la nuit sur le rivage, furent surprises et mangées par ces animaux, dont on trouva des monceaux aussi hauts que des maisons sur le corps de chaque personne.

Le petit crabe, qui se trouve dans la mer des Antilles, est très friand d'huîtres. Mais comment atteindre à ce morceau délicat qui est enfermé entre deux coquilles dures comme pierre? Voici le moyen ingénieux qu'il emploie. Lorsque l'huître ouvre son écaille pour respirer la fraîcheur de l'air et renouveler son eau, le crabe, qui est aux aguets, y jette un petit caillou; alors l'huître ne peut plus se refermer, et il gruge ensuite la bailleuse.

Crapaud apprivoisé.

M. Pennant rapporte dans sa *Zoologie*, qu'un Anglais, M. Arscott, ayant remarqué un crapaud qui montait souvent les marches devant la porte de sa maison, il lui donna à manger, et parvint à le rendre si familier, qu'il sortait ordinairement de son trou tous les soirs aussitôt que la bougie était allumée, pour aller rendre sa visite.

Un animal qui, quoique généralement détesté, se montrait si sociable, devait nécessairement exciter la curiosité de tous ceux qui venaient à la maison; il y eut même de jeunes dames qui étaient parvenues à surmonter cette horreur qui leur avait été inspirée contre les crapauds, au point qu'elles désiraient le voir manger. Il paraissait surtout aimer les vers. On en mettait sur une table, il les suivait, et quand il se voyait tout près d'eux, il les avalait en un clin-d'œil. Après avoir mené ce genre de vie au-delà de trente-six ans, il fut à la fin tué par un corbeau domestique, qui un jour l'ayant vu à l'entrée de son trou, l'en fit sortir, et le blessa si cruellement qu'il en périt.

Cet animal vit long-tems sans nourriture, quand il est dans un trou assez clos pour qu'il n'éprouve point de déperdition. Le 24 janvier 1772, on renferma, en présence de l'académie des sciences, trois crapauds dans une boîte, que l'on couvrit de plâtre. Quatorze mois et demi après, on ouvrit cette boîte et l'on trouva deux de ces animaux vivans; il n'y en avait qu'un de mort.

Evènemens causés par des Crapauds.

Ambroise Paré rapporte que deux marchands des environs de Toulouse étant à se promener, en attendant le dîner, dans le jardin de l'hôtellerie où ils étaient, cueillirent quelques feuilles de sauge qu'ils mirent, sans les laver, dans leur vin. Ils n'avaient pas encore fini de dîner, qu'ils furent saisis de vertiges et de convulsions; ils perdirent la vue, tombèrent en faiblesse; ils bégayèrent, leurs langues devinrent noires, leurs yeux effarés; et ils

furent saisis d'un vomissement continuel,
auquel succédèrent des sueurs froides,
avant-coureurs de la mort qui suivit bientôt après. Leurs corps étant venus à s'en-
fler considérablement, on ne douta plus
qu'ils n'eussent été empoisonnés. On saisit
donc tous ceux qui étaient dans l'auberge,
sans en excepter même les passagers; on
les interrogea: tous soutinrent qu'ils étaient
innocens, qu'ils avaient usé des mêmes
mets que les défunts, à la réserve qu'ils
n'avaient point mis comme eux de la
sauge dans leur vin. Un médecin affirma
qu'il n'était pas impossible que cette
plante fût empoisonnée par quelque animal venimeux qui l'aurait infectée de sa
bave ou de sa sanie. L'évènement justifia
cette assertion; on trouva vers la racine
de ce pied de sauge un trou rempli de
crapauds qu'on fit sortir en y versant de
l'eau bouillante. Dans cette circonstance
deux hommes perdirent la vie, et plusieurs
autres faillirent être enveloppés dans leur
malheur par le fait des crapauds. Voici
un évènement d'un genre tout différent.

Solenander dit que la connaissance que

nous avons de la vertu diurétique de la poudre de crapaud est due au hasard; et voici comment. Un habitant de Rome ayant eu le malheur d'être attaqué d'une hydropisie, sa femme, qui craignait la dépense d'une longue maladie, résolut de l'empoisonner. Pour cet effet, elle lui donna une dose de poudre de crapauds calcinés dans un pot de terre, qui lui fit rendre une quantité prodigieuse d'urines. Cette femme, toujours plus empressée à se débarrasser d'un mari qui lui était autant inutile que coûteux, lui donna une seconde dose de cette poudre, qui acheva de faire évacuer les eaux, et rendit la santé à ce malheureux.

Crapauds vivans dans le corps d'une fille.

Thomas Reinesius, savant médecin, nous a conservé le fait suivant. Catherine Geilerin, grosse servante âgée de trente ans, et ayant de bonnes couleurs, sentit, au printems de 1647, des douleurs vagues dans l'abdomen. Le docteur fut appelé, et il lui administra des remèdes qui lui firent rendre trois grenouilles, cinq lézards et huit crapauds. Depuis cinq ans cette fille rendait chaque printems des crapauds qui se formaient dans son corps; elle attribuait ce phénomène à l'imprudence qu'elle avait eue, six ans auparavant, de boire de l'eau corrompue, sans doute remplie de frai de grenouilles, de lézards et de crapauds.

Pluie de Crapauds.

En 1777, il tomba dans le village de Troly, alors généralité de Soissons, pendant un violent orage, une pluie chaude et forte, accompagnée de crapauds. Il en tomba sur deux femmes qui étaient en route, et dans les paniers que portaient les chevaux sur lesquels elles étaient montées; il y en eut une si grande quantité, qu'elles furent obligées de mettre pied à terre. Quelques physiciens conjecturèrent que les grenouilles et les crapauds, déposant leur frai dans des eaux marécageuses, ce frai avait pu être enlevé avec les vapeurs que la terre exhale, et qu'ayant resté assez de tems exposé à la chaleur des

rayons du soleil, il en était éclos les animaux dont nous venons de parler, qui
étaient ensuite tombés avec la pluie.

Les Crocodiles de Tentyrite.

Le crocodile habite les bords du Nil en
Afrique, et il est amphibie; il a jusqu'à
trente pieds de longueur. Son effroyable
gueule s'ouvre jusqu'aux oreilles; il a la
ruse d'imiter le cri des enfans, dont il est
très friand; car on en a trouvé dans son
ventre jusqu'à vingt-deux.

Pline rapporte que les insulaires de Ten-
tyrite osent non-seulement attaquer le crocodile, mais qu'ils se servent même de cet
animal pour naviguer dans le fleuve; pour
cet effet, ils lui sautent sur le dos comme
sur celui du cheval. Les crocodiles alors
relèvent et renversent leur tête pour les
mordre; mais ils profitent de cette situation pour leur passer en travers de la
gueule un bâton qu'ils tiennent ensuite
par les deux bouts, et qui leur sert de
mors pour mener ces animaux partout où
bon leur semble; ils les conduisent ainsi

sur le rivage, et là ils les contraignent,
par la seule terreur de leur voix, de rejeter le corps de ceux qu'ils ont dévorés,
afin de leur rendre les honneurs de la sépulture.

Le Crocodile de Kircker.

Le Père Kircker, savant jésuite, rapporte, dans une relation de ses Voyages,
que revenant de Goa en Europe, et étant
arrivé à l'embouchure du fleuve Indus, il
entra dans un marécage rempli de roseaux;
tout-à-coup un crocodile énorme parut au
milieu et s'avança pour le dévorer. Cherchant à fuir du côté opposé, il aperçut un
tigre qui venait aussi se jeter sur lui. Le
pauvre Père, placé entre deux périls iné-
vitables, ne savait à quel saint se vouer,
lorsque tout-à-coup le tigre s'étant élancé
avec furie, tomba dans la gueule du mons-
trueux crocodile, qui, occupé de sa nouvelle proie donna au missionnaire le tems
de s'échapper.

Crocodiles apprivoisés.

Strabon rapporte que dans la ville d'Arsinoë, autrement appelée la ville des Crocodiles, on adorait ce monstre : on le nourrissait de pain, de viande et de vin, croyant apaiser ainsi ceux qui étaient en grand nombre dans le lac Mœris, et qui faisaient un grand dégât parmi les hommes et le bétail.

Il cite entr'autres un crocodile nommé *Souchis*, nourri dans la ville d'Arsinoë, qui venait prendre du pain et de la viande de la main des prêtres, et qui se laissait ouvrir la gueule pour qu'on y versât du vin emmiellé, qui lui servait de boisson.

Diodore de Sicile dit que le roi Menas étant poursuivi, fut reçu par un crocodile, qui le transporta de l'autre côté de ce lac.

Les habitans du gouvernement d'Apollonopolites étaient autrefois obligés, en vertu d'une certaine loi, de manger de la chair de crocodile, à cause que la fille du roi Psammenitus avait été dévorée par un de ces monstres.

Hérodote dit que les Thébains avaient
une vénération particulière pour les crocodiles; ils en nourrissaient un qui se laissait mener à la main, et qui était si apprivoisé, qu'ils lui mettaient aux oreilles des
perles ou d'autres pierres précieuses; ils le
nourrissaient de viandes sacrées et des plus
exquises, et le suivaient par honneur,
comme on ferait à l'égard d'un person-
nage de haute distinction. Après sa mort
on l'embaumait, on le brûlait; on méttait
sa cendre dans une urne, et on la portait
avec celle des rois.

Les Dauphins de Cæranus.

Cæranus, négociant de Paros, vit à Bi-
zance des pêcheurs qui avaient pris des
dauphins et qui se préparaient à les égor-
ger. Il les acheta, et les fit remettre à la
mer. L'instinct leur inspira tout ce qu'aurait pu leur dicter la raison. Ils s'attachèrent au vaisseau de Cæranus, qui revenait
en Grèce, le sauvèrent du naufrage que fit
son bâtiment, et le conduisirent à Paros.
Cæranus conserva depuis une sorte de

commerce avec eux. Quand il fut mort,
ses parens l'inhumèrent sur le bord de la
mer. Les dauphins s'approchèrent du bûcher le plus qu'il leur fut possible, et y
demeurèrent jusqu'à ce qu'il fût consumé,
comme pour assister à ses funérailles.

Le Dauphin d'Hippone.

Solin dit que, sur la côte d'Afrique,
près d'Hippone-Dyarrhyte, il y avait un
dauphin qui recevait sa nourriture de la
main des hommes. Il jouait avec les na-
geurs, et les portait sur son dos. Ayant été
frotté d'un parfum par Flavianus, pro-
consul d'Afrique, cette odeur, à laquelle
il n'était pas accoutumé, lui causa un as-
soupissement, durant lequel il se laissait
rouler par les vagues, sans donner aucun
signe de vie : ce qui fut cause qu'il resta
quelques mois sans fréquenter les hommes. Mais enfin il revint, et continua de
nouveau la même merveille qu'auparavant, jusqu'à ce que les habitans d'Hip-
pone le mirent à mort, s'y trouvant contraints par les mauvais traitemens que leur

faisaient les podestats qui venaient chez eux pour voir cet animal.

Les Dauphins d'Iasse.

On lit dans Quinte-Curce qu'il y avait dans la ville d'Iasse, située dans une île proche de Milet, un enfant qui était aimé d'un dauphin : ce poisson connaissait sa voix; et toutes les fois que cet enfant l'appelait, il ne manquait pas de venir, et le recevait sur son dos , s'il voulait qu'il le portât. C'est pourquoi Alexandre, jugeant que cet enfant était aimé de Neptune, le fit grand-prêtre de ce dieu.

Hégésidème écrit que, dans la même ville d'Iasse, un autre enfant, nommé *Hermias*, en traversant la mer sur un dauphin qui lui était fort attaché, fut submergé par les flots que souleva tout-à-coup une tempête imprévue : son corps fut apporté sur le rivage par cet animal, qui ne retourna plus en mer, mais vint expirer sur la plage, tant il eut de chagrin de cet accident.

Le Dauphin d'Arion.

Arion est célèbre chez presque tous les écrivains de l'antiquité par son talent pour jouer du luth, et par son aventure romanesque avec un dauphin. En général, ce poisson aime la musique : Arion en fit l'épreuve dans une circonstance des plus critiques. Il était en pleine mer, sur un vaisseau dont les matelots voulaient le tuer pour s'emparer de ses effets; il obtint d'eux la permission de jouer une dernière fois du luth : les dauphins s'étant assemblés au son de cet instrument, il saisit ce moment pour se jeter à l'eau; un dauphin le reçut, et l'alla déposer sain et sauf au rivage de Ténare. Pline, qui cite toutes ces histoires, dit aussi qu'un dauphin ayant été pris par le roi de Carie, et lié dans le port, il s'en assembla une grande multitude d'autres qui, par divers témoignages de tristesse, parurent tellement demander la liberté de leur compagnon, qu'à la fin le roi le leur rendit.

Les Dindons du capitaine La Roche.

Le dindon est originaire de l'Inde. C'est
aux Jésuites que nous devons l'introduc-
tion de cet oiseau en France; ces bons pères le reçurent pour prix de la foi qu'ils
prêchaient aux Indiens. Les philosophes
qui ont tant crié contre les missions de-
vraient bénir une institution dont ils man-
gent les fruits avec un aussi grand plaisir.
Les Jésuites ont rendu des services émi-
nens à la littérature et à l'instruction publique; mais l'importation du dindon couronne leur gloire. Je suis certain que si
leur avocat, mieux avisé, eût fait valoir
cet argument lorsqu'ils furent poursuivis
au parlement de Paris, Nosseigneurs de la
grand'chambre n'auraient pas été assez ingrats pour condamner au bannissement
les bienfaiteurs de leurs tables. Qui sait apprécier les dindons doit aimer les Jésuites.

Le premier oiseau de cette espèce qui
parut en France, fut mangé aux noces de
Charles IX, en 1570; mais ces élèves des

Jésuites étaient connus en Angleterre sous Henri VIII, qui en fit venir en 1525.

La ménagerie de Versailles était sur le chemin de Saint-Hubert. Louis XV, partant pour s'y rendre, fut arrêté par un groupe de dindons qui se trouva sur son passage. Ces dindons étaient ceux de la ménagerie, qui s'étaient échappés. « Qui est-ce, demanda le roi, qui est chargé du soin de cette volaille ? — Sire, c'est le capitaine La Roche. — Hé bien, dites au capitaine La Roche que, s'il lui arrive encore de laisser échapper ses dindons, je le casserai à la tête de sa compagnie. »

Peu de dindons se sont illustrés ; ils ne se distinguent ni par leur intelligence ni par leur adresse ; mais c'est plutôt notre faute que la leur ; nous les engraissons de bonne heure, et il en est de ces animaux comme de beaucoup de gens d'esprit qui ne font plus rien dès qu'on les a trop engraissés. Néanmoins, malgré la difficulté de donner de l'éducation aux dindons, on lit dans le *Cabinet du jeune naturaliste*, qu'un nommé Bisset enseigna à six de ces

oiseaux , à danser une contredanse régulière.

Noblesse acquise pour une Dinde.

Quelques jours après la bataille d'Ivry,
Henri IV arriva un soir *incognito* à Alençon, avec peu de suite, et descendit chez
un officier qui lui était fort attaché. Cet
officier était absent ; et sa femme, qui ne
connaissait pas le roi, le reçut comme un
des principaux chefs de l'armée, c'est-à-
dire de son mieux, et avec d'autant plus
d'empressement, qu'il se disait l'ami de
son mari. Cependant, un peu de tems
après son arrivée, ce prince croyant remarquer quelque inquiétude dans son hôtesse : « Qu'est-ce donc? lui dit-il, Madame ; vous causerais-je ici quelque embarras? A mesure que la nuit vient, je
vous trouve moins gaie : parlez-moi librement, et soyez sûre que mon intention
n'est pas de vous gêner en rien. — Monsieur, lui répondit la dame, je vous avoue-
rai franchement l'espèce d'embarras où je
me trouve. C'est aujourd'hui jeudi : pour

peu que vous connaissiez la province,
vous ne serez pas étonné de la peine où je
suis pour pouvoir, aussi bien que je le
voudrais, vous donner à souper. J'ai vainement fait parcourir la ville entière; il ne
s'y trouve exactement rien, et vous m'en
voyez désespérée. Un de mes voisins dit
seulement avoir à son croc une dinde
grasse qu'il me cédera volontiers, pourvu
qu'il vienne en manger sa part. Cette condition me paraît d'autant plus dure, que
cet homme n'est, en effet, qu'une espèce
d'artisan enrichi que je n'oserais admettre
à votre table, et qui pourtant tient si fort
à sa dinde, que, quelque offre que je lui
fasse, il prétend ne la lâcher qu'à ce prix.
Tel est au vrai le sujet de mon inquiétude.
— Cet homme, dit Henri IV, est-il un bon
vivant? — Oui, Monsieur, c'est le plaisant
du quartier, honnête homme, bon Français et très zélé royaliste. — Oh! Madame,
qu'il vienne, je me sens beaucoup d'appétit; et dût-il nous ennuyer un peu, il
vaut encore mieux souper avec lui, que
de ne pas souper du tout.

Le bourgeois, averti, arriva endimanché, avec sa dinde; et tandis qu'elle rôtissait, tint les propos les plus naïfs et les plus gais, fit des contes, amusa enfin le roi, de façon que, quoique mourant de faim, ce prince attendit le souper sans impatience. La gaîté de cet homme se soutint, augmenta même tant que dura le repas, sans que pour cela il perdit un seul coup de dent. Le bon roi riait de tout son cœur; et plus il s'épanouissait, plus le joyeux convive était à son aise et redoublait de bonne humeur. Au moment où le monarque quitta la table, l'honnête bourgeois tombant à ses pieds : « Sire, s'écria-t-il, pardon ! ce jour est certainement pour moi le plus beau de ma vie : j'ai vu passer Votre Majesté lorsqu'elle est arrivée ici; j'ai été assez heureux pour la reconnaître ; je n'en ai rien dit, pas même à Madame, lorsque j'ai vu qu'elle ne connaissait point notre grand roi... Je prétendais vous amuser quelques instans ; j'aurais sans doute été moins bon, et Votre Majesté n'eût pas joui de la surprise de ma voisine.

La dame, en ce moment, était aussi aux pieds du roi, qui voulut les faire relever tous deux avec cette bonté qui fut toujours la base de son caractère. Non, Sire, s'écria le bourgeois en s'obstinant à rester à genoux, je resterai comme je suis jusqu'à ce que Votre Majesté ait daigné m'entendre encore un instant. — Parle, lui dit Henri, vivement enchanté de cette scène. — Sire, lui répondit cet homme d'un ton et d'un air également graves, la gloire de mon roi m'est chère; et je ne puis penser qu'avec douleur combien elle serait ternie d'avoir souffert à sa table un rustre tel que moi...... Je ne vois qu'un seul moyen de prévenir un tel malheur. — Quel est-il? reprit le roi. — C'est, répliqua le bourgeois, de m'accorder des lettres de noblesse. — A toi? — Pourquoi non, Sire? Quoique je sois artisan, je suis Français; j'ai un cœur comme un autre; je m'en crois digne du moins par mes sentimens. — Fort bien, mon ami; mais quelles armes prendrais-tu? — Ma dinde; elle m'a fait aujourd'hui assez d'honneur pour cela. —

Hé bien ! soit , répliqua le monarque en éclatant de rire : Ventre saint-gris , tu seras *gentilhomme*, et tu porteras ta dinde en pal. »

Ce particulier acheta, dans les environs d'Alençon , une terre qui a été érigée en châtellenie sous son nom, qu'il ne voulut jamais changer ; et lui et ses descendans portèrent en effet pour armes une dinde en pal.

Le Dindon du Grenadier.

Charles XII se promenant près de Leipsick , un paysan vint se jeter à ses pieds , pour lui demander justice d'un grenadier qui venait de lui enlever un dindon destiné pour le dîner de sa famille. Le roi fait venir le soldat. « Est-il vrai que vous avez volé cet homme, » dit le monarque, du ton le plus sévère? — Oui, sire, répond le grenadier ; mais, en lui prenant un dindon, je lui ai fait bien moins de mal que vous n'en avez fait à son maître en lui prenant un royaume. » Le roi donna dix ducats au

paysan, pour l'indemniser de son dindon ;
et dit au soldat : « Je te pardonne ; mais
souviens-toi qu'en enlevant un royaume
au roi Auguste, je n'ai rien gardé pour
moi. »

FIN DU PREMIER VOLUME.

TABLE

DU PREMIER VOLUME.

———

FIN DE LA TABLE DU PREMIER VOLUME.

TOUL, IMPRIMERIE DE Vᵉ BASTIEN.